U0835775

与负面情绪和平相处

夏仰 著

中国法制出版社
CHINA LEGAL PUBLISHING HOUSE

前言

上一本书《与我们内心的冲突和解》发行后，我开始思考，除了内心的冲突外，最让我们感到困扰的是什么？答案是负面情绪，于是我着手准备这本书。

我将常见的负面情绪分门别类，前七章的主题分别是悲伤、焦虑、愤怒、恐惧、内疚、自卑、悔恨，最后一章则以快乐为题。每种情绪均被分为不同类型一一陈述，毕竟情绪的构成比较复杂。例如，同样是悲伤，我们的悲伤并不一致，有的人是因为精神内耗，有的人是因为有利可图。如此细致地划分内容是出于我对这本书的定位考量：希望每位读者在往后的日子里受情绪所困时，可以通过翻一翻这本书得到些许宽慰，负面情绪可以得到缓解。

阅读的过程中，你在和我对话，也在和自己对话。如果你通过阅读更了解自己的情绪，更了解自己，那将是一件非常好的事。倘若如此，作为作者的我会很开心，也祝你开心。

目录

第一章

那些悲伤从何而来

1 拒绝精神内耗

我们深深地爱着许多人，甚至可以做到婚礼誓词说的那样“无论疾病还是健康，无论贫穷还是富有，或任何其他理由，都爱他、照顾他、尊重他、接纳他。”那么，我们是否能够以同样的姿态去爱自己，无论处于何种境况，多么失意，依然能够对自己表示尊重和安慰，而不是自我谴责？包括我在内的很多人其实都做不到，归根结底是因为不恰当的“严于律己”。不妨试想你在内心深处是以下列哪种视角看待自己的：

陌生人：你们不熟悉，他也不关心你。

打分员：你做错事情或者稍有懈怠，他就在本子里记上一笔，谴责你。

过度保护者：他认为这个世界很危险，总是阻止你尝试新事物。

忠诚伴侣：无论别人怎么看待你，他始终相信你，认为你是最好的。

智慧长者：每当你感到难过迷茫的时候，他都会及时指引你，鼓励你。

多数情况下，我们对自己的态度会在几种角色之间轮换，起起伏伏。然而有这样一群人，终日被前三种角色围绕着，陷入无休止的自我拉扯，日常生活对他们而言就像拉着堆满重物的板车爬坡，外人看来走得又累又慢，却不知道已是极限。我们在控制自我的过程中需要一定的心理资源，当剩余能量不足以支撑的时候，精神层面会非常疲惫，乃至影响生理状况，这种心理内耗就是精神内耗。究竟是什么让我们比别人更容易出现精神内耗的状态呢？首先它和大脑息息相关，当大脑处于低耗能的静息状态时，也就是没有受到外界刺激相对平静的时候，后扣带皮层、楔前叶、内侧前额皮层等脑区之间的链接变得更活跃，它们主要负责自我与他人、回忆与思考等“工作”。容易为精神内耗所困的人的这几个脑区相对发达，他们善于感受，善于记忆，同时也更容易被种种细枝末节缠住。除了生理层面的影响，是否容易发生精神内耗也和我们的成长经历有关。

从小家教严格的赵莱长大之后，和别人提起童年，印象最深刻的一件事是无论上学或放假，向来规矩很多的妈妈都会要求她早晨六点起床，吃完早餐下楼跑步，风雨无阻。这样的成长环境让她哪怕已年近而立也经常会在六点左右惊醒，偶尔睡过了就会陷入深深的自责。来自母亲的长年累月的严苛不仅对她的生活习惯造成影响，还逐渐扩大到其他方面。赵莱的闺密眼看她变成一个不允许自己犯错的人，忍不住问："你有没有觉得你对待自己的方式和你妈妈很像？"她这才恍然大悟，不知道从何时起内化了一个严厉的"妈妈"监管自己。

对我们造成深远影响的体验往往来自成长过程中的重要人和重要事，年幼时由于难以分辨真假和对错，很容易将外界的评价、判断、价值观一并吸收认同，深入潜意识，当我们经历得足够多、变得成熟之后会产生新的观念，这时候博弈就开始了。说到底，内耗是两个自己不断吵架，一个说向东，另一个说向西，谁也不服谁的状态，例如上文的赵莱，她之所以为这种状态所累，是因为真正的她偶尔想放松，可是来自妈妈的影响根深蒂固，每当想松懈，脑海里那个“妈妈”就会马上跳出来指责她。把不良影响内化让我们心里始终站着一位“打分员”，对自己高要求到严苛的地步，很有可能导致精神内耗，与此同时，还有几种性格特质也有可能造成这种情况。设想一下，我们为什么容易纠结，多半是因为敏感，容易多想，放大很多事情，至于为什么是和自己纠结而不是和别人纠缠，无非是害怕冲突，因此，如果某个人的性格属于高敏感的范畴，又由于低自尊不敢表达自己的想法和感受，自然会比较频繁地陷入内耗。

和生理影响、心理因素、性格特质一样，会把我们扯进精神内耗的世界的另一重大原因是压力，可以是小环境中的压力，也可以是大环境下的压力。从小的方面来说，通常是程度不一的压力事件，比如工作不顺、感情受挫、生离死别等。大的方面则是由于信息高度透明化带来的扁平化视野，我们轻而易举地就可以看到无数人的生活状态，也意味着可比较的对象从身边人变成很多人，无形之中会产生焦虑情绪。当越来越多人开始讨论容貌焦虑、内卷压力时，群体之中的负面情绪会随之放大，进而影响个体，这也是为什么有些人会觉得玩手机时间长了很累，一是因为信息过载，二是因为不明显的无形内耗。

来自方方面面的影响都有可能造成精神内耗，让我们遇事犹豫、缺乏行动力、容易退缩，过程中形成的心理压力也会影响心血管系统，经年累月可能会患上偏头痛、高血压等疾病。究竟要怎么做，才能尽量避免过度内耗呢？

1.针对成长经历导致的内耗可以采用心理学领域的自我疗愈，做自己的心理咨询师。当你开始精神内耗时，可以跳出来看看自己的行为和想法，哪些是退行到童年期的状态，哪些是内化父母的状态，哪些是成人的状态。例如，某人做错事后，开始反思自己哪里做得不好，怎样做才能更好（成人状态）；得知公司将因此对其做出处罚，开始焦虑，选择逃避，甩锅给别人，就像小时候打架和妈妈说是别人的错（退行状态）；接受惩罚后，开始不停地自责，把自己贬得一文不值，和父母指责他的方式如出一辙（内化父母状态）。如果我们能够分清此刻的行为和感受哪些来自他人，哪些来自过去，哪些来自现在，就可以找到我们会以这样的方式来应对的原因，从而对主体和客体、过往经历和客观事实进行区分，以降低退行状态以及内化父母状态出现的频率。三种状态此消彼长，成人状态出现得越多，我们的心境就越稳定，越不容易内耗。

2.如果是因为大环境等外界因素导致的精神内耗，不如在什么都不想做，只想“躺平”的时候尝试做点什么，逐渐找回对生活的掌控感，可以是简单的出门散步或者做一顿饭，也可以是设立新的目标，让生活逐步恢复常态。过程中保持自我觉察，找到内耗状态再次出现的原因。那些困扰我们的事情到底是灾难化想象还是真的无法解决？如果是前者，可以让自己行动起来去验证是否真的如设想那般严重；若是后者，在接受现实的同时寻找降低负面影响的办法。

3.无论是哪种原因的精神内耗，都是以主动或被动的自我斗争的形式进行，其中有我们难以接受的一面，我们才会因此纠结。遵循前两步方法加以练习，能够帮助我们更清晰地了解自己的想法和状态，也会对客观事实有更理性的判断。当我们试图谴责、贬低自己的时候可以尝试精神上的自我抱持，用带有积极评价意味的话语进行心理暗示，写下自身的优点等取代消极思维，做自己的“忠诚伴侣”。

在精神世界中，心理资源是如食物般重要的存在，倘若将它过多地浪费在内耗上会让我们的内心营养不良。照顾好身体的同时请不要忘记，心灵也需要得到照顾。

2 因负面情绪而“获益”

蔡丽美和丈夫在同一家单位工作，某天两人开车外出，出了车祸，丈夫当场身亡，她在重症病房躺了一个月才转到普通病房。出院后，出于对她身体状况的考虑，单位把蔡丽美调到更轻松的岗位，同事对她也多有照顾，子女更是只要有时间就陪伴在旁。日子一天天过去，她的情绪逐渐好转，把空余时间安排得满满当当，脸上的笑容渐渐多了起来。

每个人在生活中难免会遇到挫折，遭受磨难，到底需要多长时间才能走出来的影响因素除了自身的心理韧性之外，离不开社会支持系统对我们的帮助。

1976年，“社会支持”首次被心理学家卡塞尔（Cassel）和柯布（Cobb）在文献中提及，随后越来越多心理学家对该理论进行研究。最初社会支持仅被定义为个体感受到的来自他人的关心和支持，让个体相信自己是被关爱和接纳的，使自尊能够保持在较为稳定的水平。如今，社会支持更多的是指某个范围内的社会网络从物质及精神层面对弱势群体提供一定程度的帮助及支持行为的总和，包括家人、朋友，以及现实生活中的其余群体。随着科技的发展，网络上的群体也成了一种社会支持，例如因病在网上发起众筹，网友进行捐款的情况。

我们都不同程度地受益于社会支持，蔡丽美正是很典型的受惠于社会支持而走出低谷的例子。硬币有两面，性格有多种，无可避免有些人会有意无意地利用社会支持获益，或者说隐秘地利用他人的同理心得到自己想要的东西，可以是关爱，也可以是其他。

学习法学专业的张琳在大四那年参加国家统一法律职业资格考试，没有顺利通过考试让她很受挫，恰逢此时，男朋友因为要去国外读博而提出分手。双重打击之下，张琳总是在哭，很少吃东西，朋友见状事事迁就照顾她，长期不在身边的父母也飞到她身边给了她渴望已久的陪伴。按理说这种有力支持能够让一个人逐渐好起来，实际上张琳却每天沉浸在悲伤之中，不再备考。

不难看出，张琳需要因为状态不佳所获得的特殊照顾，好不容易得到渴望已久的东西时，便不愿从悲伤的状态中走出来。这种表现属于继发性获益，与之相对的是原发性获益。奥地利精神病医生布洛伊尔同时也是精神分析学派先驱，曾有一位叫作安娜的病患，她21岁那年父亲去世了，那之后渐渐出现一些神经症的症状。神经症是心因性疾病，往往是由于患者的内心冲突过于强烈而发展出的不同程度的躯体化症状，可将这种通过生病掩盖内心冲突的状况定义为原发性获益。如果说原发性获益的人是因为过于痛苦只能靠躯体症状转移内心不愿直面的苦楚，那么张琳这类继发性获益是因为可以从痛苦中得到“好处”才迟迟不愿好起来，这种拒绝好起来可以是故意的，也可以是无意的。

因负面情绪而获益的人能得到什么？具体情况因人而异，大致有以下三种原因：

1. 可以不负责。无论大人小孩都有各自的责任，小孩因为不想上学假装生病，大人同样可以，只是从逃避上学变成逃避上班甚至逃避社会。身边人出于不忍心也好，宽容也罢，过于纵容这种行为的态度会不断强化这个人的表现，导致他越陷越深。

2. 委婉地发泄怨恨。这种情况在亲子或伴侣关系中比较常见，当一方对另一方长年累月的疏忽或者言语攻击的行为不满时，偶然间发现状态不好的时候对方会以与平日完全不同的态度对待自己，这时候个体内心的愤恨得以微妙地发泄并习惯性使用这种方式操控对方。

3. 渴望被照顾。当个体心理能量变弱时，会比往常更渴望被照顾，这是人之常情。但有些人会因为过于享受这种来自周围的人的温暖与照顾，养成事事依赖他人的习惯。这种依赖对成年人来说是非常危险的，长此以往，社会功能将逐步退化，心理发展也将因此停滞。

触发继发性获益机制看似得到了“好处”，一定程度上满足了个体的内心需求或者暂时躲避了挫折对内心造成的冲击，但从长远来看造成的损害远大于所谓的获益。前文提到的三种原因统一指向了逃避，逃避往往意味着放弃，以过度沉浸于情绪之中换取短暂的宽慰，心理状态在不知不觉中恶化，甚至发展为心理障碍。

很多时候我们会被自己的认知左右行为从而导致更糟糕的后果，靠祥林嫂式的卖弄痛苦与悲伤祈求来的东西，从长远看并不一定对我们有益。想获得力量，不是只有靠别人提供这一种办法。内心的力量远比我们想象中更强大，不妨按照以下四个步骤慢慢调整心态：

1.正视自己的内心，找到让你害怕，想要逃避的核心事件，看看是“我做不到”还是“我不愿意”。如果是前者，问问自己为什么做不到，从客观的角度去分析；如果是后者，不愿意的背后是让你选择宁愿触发继发性获益机制也不愿意面对的真正原因。

2.找到原因之后，请勇敢地面对，即使一时半会儿克服不了内心的恐惧，也不要执着地认为“我好惨”“我好可怜”。把目光从自己身上移开，去发现生活中的点滴美好，并记住它，切断总是看负面的心理惯性，试着探索更多积极、正面事物。

3.慢慢做一些有助于恢复社会功能的事情，从小事开始。比如，以前没有人陪着就拒绝出门，现在选择人比较少又安全的时段，独自在家附近走走。究竟要从哪件事做起完全视你的情况而定。

4. 找到能够让你专注的兴趣爱好，我们注意力集中和注意力涣散的时候活跃的脑区不同，当我们做一些需要一定认知水平的事情，大脑的默认模式网络（后扣带回皮质、内侧前额叶皮质等）会受到一定程度的抑制，相对来说不那么容易产生负面情绪。

放下依靠情绪向外索取的惯性，就能看到内心破土而出的力量。

3 我真的抑郁了吗

不知道从何时起，抑郁症成了最为大众熟知的心理疾病名词，许多人乐此不疲地把这个标签贴在自己身上，以至于这种病逐渐被娱乐化，无论是网络世界还是现实世界，关于抑郁症的调侃越来越频繁。相信正在看这本书的你也或多或少在生活中听到过类似这样的话：

“我觉得我抑郁了。”

“我最近好抑郁啊。”

“我之前抑郁的时候……”

其实，临床上抑郁的分类有许多种，如心因性抑郁、内源性抑郁、季节性抑郁、应激性抑郁、精神病性抑郁等，症状各有不同又偶有重合，需要专业人士结合量表以及生理检查进行诊断。除了抑郁症之外，还有抑郁情绪和抑郁心境，相对来说也更为常见。

抑郁情绪：具有明确的刺激事件，如分手、失业、亲人去世或其他压力事件，表现为悲伤、压抑、沮丧等复合情绪。抑郁情绪持续时间较短。如果事情出现转机，或者得到足够的陪伴，去旅行等，抑郁情绪就会得到很大程度的改善，乃至消失。但是如果持续时间过长则有可能发展为抑郁症。

抑郁心境：也称为恶劣心境，并未达到抑郁症的诊断标准，持续时间可长达数年，往往自青少年时期便开始显现。在孩子身上通常体现为“易燃易爆炸”，也就是易激惹，换到成年人身上表现为长期的弥漫性情绪不高，内心总是处于阴雨绵绵的状态。总体来说，躯体症状不明显，更多地体现于性格方面，比如容易悲观、愧疚等，经年累月的恶劣心境有可能成为孵化抑郁症的土壤。

抑郁症：抑郁症的表现包括抑郁情绪和抑郁心境，但持续时间更长也更严重，刺激源往往不是单一事件，常表现为快感缺失，也就是从前让自己感到快乐的事情现在只是机械性地去做，不再有开心的感觉，或者只有极其短暂的开心，具体情况和疾病的严重程度呈正相关。抑郁症会伴有躯体症状，胸闷、莫名的疼痛等，随着病情的发展，可能出现幻视幻听、生理上无法动弹等，易复发。

从日常来说，我们最容易遇到的是抑郁情绪，比普通不开心严重一点点。当然，生活并不是一帆风顺的，总会起起伏伏，也会遇到各种打击和挫折，暂时的低落和消沉是十分正常的表现，就像野外的动物受了伤会躲起来舔毛，等待复原。抑郁情绪什么时候出现，持续多久，因个体差异而不同，这种区别除了受心理承受能力影响，也由先天的气质类型决定。心理学术语“气质”不等于我们日常用语中的“气质”，后者更多的是指某人的整体外显感觉，前者是指在生理基础上体现出来的心理活动的特征，包括强度、速度、稳定性和灵活性，可以简单理解为性格特质。这一概念最早是由罗马帝国生物学家格林根据古希腊医生希波克拉底的体液说所创立的，随着千百年的研究发展，当下公认的气质类型主要包括以下四类。

多血质：反应敏捷、善于适应环境，注意力容易转移，性格外在表现为热情活泼善交际，脑子转得快，但做事往往难以坚持。

黏液质：相对多血质而言，更为安静稳重，做事规律性强，细心认真，不易适应变化。

胆汁质：易冲动，脾气急，为人豪爽，精力旺盛。在工作上往往忽略细节，和黏液质较为互补。

抑郁质：细腻敏感，相对感性浪漫，但也容易多愁善感，行动力弱，不擅交际。

相信看到这里，你会想起身边的一些人对号入座不同的气质类型。气质类型没有好坏之分，只是相对来说抑郁质的人因为感受细腻、情绪敏感，出现抑郁情绪的概率更高。无论是暂时性的抑郁情绪还是已确诊抑郁症都值得关注，哪怕当事人的表现令人怀疑，也不应该盲目加以指责。我曾经见过这样的例子：

那是一个只有19岁的女孩，在某次聚会中她公开自己患有抑郁症的事实，没等说完，就有位男生站起来质疑她："你说你有抑郁症，请问是怎么确认的？"女孩不慌不忙地告诉大家她在服药和做心理咨询，男生又说：

“你不要标签化自己。”后来，女孩私底下问我那个人是不是在怀疑她装病，不管对方怎么想，对于自己确诊抑郁症这件事她很有优越感，觉得自己很了不起。

不知道你们会如何看待例子中的女孩，从医学角度来说，她在三甲医院确诊和治疗可以说是真的生病了。但是，那些未经确诊宣称自己有抑郁症的人又是为了什么？

对于年龄较小的群体来说，受网络、影视各方面的影响，由于缺乏足够的判断力和稳定的三观，会跟风认为患上抑郁症是件很酷的事情，处于这个年龄段的人急切寻求认同和关注，喜欢往自己身上贴标签再正常不过。对于已经步入社会一段时间的成年人来说，因种种原因不允许自己轻易展现脆弱，也就意味着情绪出口所剩无几，这时给自己贴上抑郁症的标签，可能意味着可以借此来宣泄情绪。

其实真抑郁还是假抑郁没那么重要，关键是怎么让情绪好起来，不妨参考以下步骤：

1. 情绪不好的时候把脚步放慢，别想太远，那样很容易焦虑，不如想想午饭吃什么，安排好当下的生活就好。

2. 动起来，情绪不佳的时候如果去健身房对你来说负担太大，可以伸伸懒腰，站起来在房间里走两圈，心里的沉重感会随着你的动作而减弱。

3. 找到一个长期稳定、容易做到的排解情绪的办法，对我来说是写作，心情不好的时候把心里的想法写下来就会开心很多。你也可以选择拼积木、画画等，只要是你喜欢做的事情就可以。

4. 不开心的时候提醒自己露出微笑，并形成习惯。这是我最常用的小技巧，也是在心理学领域经过论证的。笑代表开心这一概念已经深入我们的潜意识，当这个表情出现时，大脑会自动判断我们此刻是开心的，进而推动内分泌的变化。

抑郁了吗？真的不要紧，风雨无常，希望你快乐。

4 自我妨碍：为什么总是在关键时刻退缩

每当提起自我妨碍这个概念，总会让我想起电影《被嫌弃的松子的一生》：

出生于中产之家的松子有一个常年卧病在床的妹妹，由于妹妹需要更多照顾，严肃的父亲很少理会松子，只有在她做鬼脸的时候才会笑，不知不觉中松子养成了在紧张的时候下意识地做鬼脸的习惯，也养成了讨好他人的习惯。长大后的松子当了老师，却因为学生盗窃失去工作，此后她的人生开始走向了堕落。起先，她从事风俗业，和很糟糕的男人恋爱，随后两个人一起背上命案，男友入狱，松子改名换姓和小镇上的一位理发师同居，回过头来看，那是她一生中最幸福的时光。很快警察找到了松子，服刑结束后，她对人生不再抱有希望，终日把自己关在家里与满屋垃圾同住，最后在河边被中学生的棒球击中，倒在夜里，死在准备重新找工作的前一晚。

不难看出，松子是一个有着自毁倾向的讨好型人格的人，面对人生选择时总是无意识地选了最差的那条路，归根结底，是因为潜意识中的“我不配”在作祟。现实和电影不同，多数人并不会像松子那样自毁，但是不同程度的自我妨碍却很常见。所谓自我妨碍，就是个体为了回避或降低因不佳表现所带来的负面影响而采取的任何能够增大将失败原因外化而进行的行动和选择，也就是为了防止想象中的“坏结果”成为事实，主动或被动地用破坏性的行为和表现来让事情变成真正意义上的最坏结果。究其原因是人出于恐惧，不自觉地选择这种策略进行自我保护。一是保护自尊水平，习惯性自我妨碍的人往往处于对自我价值不够认可的状态，假设某件事失败了，会对他们的自尊水平造成一定程度的冲击。通常我们在受挫的时候多多少少会影响自我评价，不过很快可以调整过来，但是他们因为过度想象，无限扩大了打击的灾难性，于是选择在结果出现之前自行毁掉成功的可能性来保护自尊。二是保护自己的外在评价，相比实际表现如何，习惯性自我妨碍的人更关注别人是怎样看待自己的，面对他人对自己失败的评价比失败本身更难接受。一般情况下，当我们在公共场合或者在集体中会自觉调整自己的行为以符合情景，他们则因为过于重视所以放大了他人的期待，继而认为自己很有可能会表现不佳，用主动搞砸缓解被动等待的焦躁。三是保护内心状态的稳定，当我们很重视某件事又不确定是否会成功，普遍做法是做好有把握的部分，无法控制的部分不强求，习惯性自我妨碍的人很容易对不受自己控制的部分过于焦虑，忽略了可控制的部分，选择不同程度的自我妨碍策略让焦虑水平处于较低的状态。

自我妨碍的表现形式通常分为以下四种。

1. 行动式自我妨碍：个体在重要事件开始前或处于一段关系中，有意或无意用实际行动来增加失败的可能性。例如：（1）某人要出国进修，每天吃喝玩乐，不为语言考试做任何准备，最终考试没有通过，无法出国。（2）明明恋爱很顺利，却总是无故找碴或无故闹脾气，导致关系破裂。

2.自陈式自我妨碍：个体在事件发生前，先行找借口试图力证自己做不到。例如：某人需要出席大型会议并讲话，对外声称自己有很严重的社交焦虑，或者临出席前宣称身体不适，以各种理由逃避任务。

3.特质性自我妨碍：个体由于人格特质的原因无法自控地长期自我妨碍，属于较为病态的情况。例如：某人无论是面临学业、就业，还是情感关系，总会做出远远低于自身可选择范围的抉择，让自己的人生往低处走。

4.情景性自我妨碍：个体只在特定情景中自我妨碍。例如：某人做事很认真，但是害怕竞争，每逢需要竞争，就会退缩，但不影响平时的表现。

稍加总结就会发现，无论哪种表现形式都是出于不那么相信自己，不相信自己可以做到，不相信自己可以得到。这种想法深入潜意识，于是在需要相信自己的时刻以各种形式进行抵抗，就像小孩子快要打针的时候总是找出各种各样的借口拖延那一刻的到来。那么，怎样的性格特质会让我们更容易实行自我妨碍呢？首先是低自尊，和高自尊者十分认可自己，能够更乐观地看待事物不同，低自尊者往往对事态持有较为悲观的看法，又因为不够自信对自己的评价偏低，在这种心态的影响下很难负起责任和接受改变，于是在面临选择和挑战的时候受“我不行”的念头支配，做出自我妨碍的举动；其次是要求过高，对事物总是抱有不切实际的过高期待，习惯性设定过高的目标导致动力不足，被动出现自我妨碍的行为，容易出现“高喊目标，中途放弃”的情况；再次是缺乏安全感，因为安全感不足，很难接受突发情况或事件，力求让一切事物尽在掌控之中，这种几乎不可能实现的想法会让个体秉承“只要不做就不需要担心”的观念来拒绝做出行动；最后，如果一个人很容易自怜，也会把自我妨碍作为手段来向他人索取情绪价值或者关心照顾。

自我妨碍背后的成因固然复杂，它可以让我们短暂地躲避情绪，逃避压力，获得重要他人的关注，然后呢？它会对生活造成不良影响，让自己陷入更大的困境。或许在过往经验中自我妨碍发挥过一定的作用，帮我们解决了某些问题，但若形成习惯，总是用这种方式应对挑战，无异于饮鸩止渴。以下是一些让自己停止使用自我妨碍作为应对方法的建议：

1. 如果你在需要做出选择或者采取行动前，认为自己肯定会失败，可以问问自己到底是因为哪几个原因觉得它不可能实现，是自身水平问题还是竞争过大。逐一推理验证你所总结出来的原因，看看它是真的这样还是被自己放大了，毕竟我们有时候会放大坏的一面。假设真的是自己想多了，不妨先做了再说，倘若成功了，也会为我们的下一次行动增加动力。

2. 无论自我评价有多么低，但这么多年以来，除了失败经历，我们总会有一些成功的经验，请把注意力更多地放在过往的成功上，不纠结于失败。往后每做成一件事，无论大小，都及时对自己进行奖励，强化对“好的结果”的关注度，渐渐地，积极的想法会将我们带离自我妨碍的陷阱。

3. 尝试拓宽视角。自我妨碍行为常常会有其固定路径，比如在恋情中选用同一行为模式对关系进行破坏，或者每次都因为目标过高而中途放弃，我们要做的是打破这种路径依赖。在你想再次做出同样的行为前，问问自己是否只有这一种办法可以解决，能否找到更适合的方法？用良性行为来取代不良行为，比方说，从前在感情中因为不相信自己值得被爱总是用发脾气等行为来验证对方的爱意，请尝试与对方进行深谈，袒露自己希望对方能够更明显地表达感情的想法；以前觉得自己做不到，总是半途而废，现在试着先不去看最远的那个大目标，专注于分解之后的小目标，达成第一个小目标之后再去想下一个，这种方法有助于提高我们对事情的控制感，增强顺利完成目标的信心。

受挫会让我们在短期内感到难过，不行动却会让我们陷入绵长的遗憾之中，选择当下逃避还是未来后悔，这从来都不是两难的抉择，需要做的只是推自己一把。

5 情绪领域的管理学

某天，一位儿子上小学的妈妈找我聊了很久。她因为自己总是因为小事打骂孩子，事后又十分愧疚而感到很焦虑，尤其是有次挨打后，儿子说："妈妈，我讨厌你。如果我有小孩，我是不会像你这样对他的。"讲到这里她开始掉眼泪，问我她应该怎样控制自己的情绪。后来得知，她是家庭主妇，和先生已经到了分居的边缘，情感上的无助和对生活的担忧，又缺少可以排解情绪的渠道，种种压力推动着她把情绪发泄到自己的儿子身上。

一些人往往会把负面情绪转移到最亲近的对象那里，毕竟这样最安全，这种方式既不需要花太多心思管理情绪，也可以暂时不去解决应该解决的问题。就像前文中的这位妈妈，宁愿反复被内疚折磨，也不愿面对内心真正的恐惧。而另外一些总是被情绪困扰的人，哪怕原本很开心，却经常会因为过去的一些事情变得不快乐，不知道该怎么办好。无论哪种都意味着那些我们无法驾驭的情绪正在影响着生活。情绪不分好坏，时时刻刻都在，就像呼吸一样，感知不到的时候依然存在，我们时常在做其他事情的时候忘记自己正在呼吸，同样地，我们也总会忽略情绪。当感知到它的存在时，我们会用一些词进行描述：

“我今天很开心。”

“我很难过。”

“真的气死我了。”

“最近好烦啊。”

这样看，好像只需要用快乐、悲伤、愤怒和焦虑就可以总结所有情绪体验，其实细分之下远远不止这些，美国心理学家普拉特切克把情绪由强到弱分为三层，最表面的八种基本情绪从强度上来说最为强烈，分别是：警惕、快乐、接受、惊讶、恐惧、悲痛、憎恨、狂怒；第二层为：恼怒、厌恶、哀伤、惧怕、诧异；第三层为：烦恼、厌烦、忧郁、担忧、涣散。普拉特切克又根据这些情绪在性质、强度和紧张度上的两极性进行划分，提出情绪三维理论，把人类情感从两极性分为四个维度。

1. 强与弱：当我们感知到的情绪越强烈，理性就越容易把“方向盘”交给感性，致使行动被情绪指挥，比较常见的是两个陌生人从几句口角升级到打架斗殴。

2. 满足与不满足：我们在需求未被满足的时候，随着挫败感而来的是愤怒、悲伤等负面情绪；倘若需求得到满足，则会感到开心愉悦。从小朋友的不被允许做某事而哭闹到成人因辛苦达成目标喜极而泣，都是“满足与不满足”的情绪表现。

3. 积极与消极：感觉好的时候，我们的行动会倾向积极、效率高；感觉不好的时候会变得消沉、做事拖延。如遇到打击，情绪不佳，强撑着去工作，人在心不在，工作状态相比以往差了很多。

4. 紧张与放松：正面情绪产生时，我们会变得放松、友善，如果负面情绪占比更大，相应地，身心都会随之紧张起来，呈现退缩状态或者表现出攻击性。比较常见的例子是心情好的时候很好相处，心情不好的时候容易暴躁。

管理情绪的前提是认识情绪，像情绪三维理论那样清晰识别它的模样和强度，需要我们逐渐提高情绪粒度。影像的粒度和画面清晰与否高度相关，放在情绪管理的角度，情绪粒度越高，我们分辨他人和自己的情绪的能力越强，相比情绪粒度低的人能更好地对情绪进行描述和定义。比如，同样是因为做好一件事感到快乐，情绪粒度低的人觉得“我很开心”，情绪粒度高的人会更清晰地知道“我是因为成就感觉得开心”，换到负面情绪，后者也会因为对情绪的感知清晰能够更好地控制情绪，在生活中也更能体会他人的情绪，表现出来的特点是共情力高。我们可以通过以下两方面进行情绪粒度训练：

1. 感知到情绪的时候问问自己这是哪种情绪，尽可能掌握更多关于情绪的词汇，这些新词汇可以帮助我们分门别类地为不同情绪贴上更精准的标签，就像中药店放药材的小抽屉贴满了不同药材的名字，下次同样的情绪出现时我们就可以迅速识别。

2. 给情绪的强度打分，最低分1分，最高分10分，数值越高情绪的强度越大。再给自己设置一个安全线和应对方案，假设安全线是6，当你觉得这种情绪对你的影响超过6分时，立即执行应对方案，比如暂时离开，或者给亲近的人打电话。

负面情绪之所以会产生，是因为藏在背后的需求没被看见。每个人的需求受认知影响而各有不同，我们的认知常常会存在各种各样的不合理信念，例如觉得成绩好，工作好才是有用的人；如果事情和预估的不一样就认为很糟糕；做了一件错事代表那个人毫无优点；等等。我们各自都带着大大小小的不合理信念去看待事物，正如美国心理学家埃利斯的情绪ABC理论，事件只是引起情绪的间接原因，真正的原因是我们对这件事的认知和评价。

独居的小陈很喜欢熬夜，几乎每天晚上都会点外卖，以前的外卖员到了门口会打电话，但最近每次外卖送到了门铃都会响起。他因为自己总是被突然打扰而感到很生气，后来发现新的外卖员是聋哑人，忽然体谅了对方的难处，不再计较按门铃这件事。

小陈对事件的认知改变了，情绪也就改变了。可是很多时候我们遇到的事情比“按门铃”复杂得多，对一件事产生的不良认知可能源于由来已久的心理创伤，也许是因为有一位说一不二的父亲，从小被压抑；也许曾经遭受接连不断的打击；也许受过很大的伤害。这种情况下，负面情绪是在提醒我们内心某处想得到关注，伤口需要疗愈。那么，我们该如何做呢？

1. 全然的允许。允许情绪产生，不抵抗，不压抑，用接纳的态度面对它，像观察别人一样观察自己的情绪，不被它牵着走，再问问自己它从何而来，想告诉你什么。

2. 了解情绪。了解每种情绪最常在什么情况下出现，这些情况是否有一致的地方又或者让你想起什么，那很有可能就是内心的创伤所在。

3. 管理情绪。像为训练情绪粒度做应对方案一样，给每种负面情绪设置一个方便易执行的“减压阀”，比如随身携带压力海绵，生气的时候捏够十下再说话或者行动，把习惯固定下来，成为管理情绪的辅助工具，自然而然形成习惯。

4. 做自己的完美父母。因为种种原因，我们很难从外界得到无条件的接纳和完美的爱，但我们可以在内心设立一个完美父母的形象，时常进行自我关爱和鼓励。慢慢地，这种出于自我且永不消失的信任和爱会让我们的情绪变得非常稳定。

情绪管理是一门持续终生的课程，祝你取得好成绩，走得更平稳。

第二章

为什么我们会焦虑

1 亲职化：焦虑的养分

李奇初三那年，父母离婚了，妈妈独自带着三个孩子。作为长子，他主动承担起了照顾弟妹的责任，上大学后更是同时做几份兼职，如今人到中年，仍然以原生家庭为重，时常扮演“父亲”的角色。特殊的经历让李奇养成了过度照顾他人的习惯，他心里始终弥漫着一种挥之不去的焦虑，这种感觉只有自己清楚。

这样的例子并不罕见，我的一位朋友就因为父母离婚自责了很久，时常问我“如果我不生病，是不是他们就不会离婚？”哪怕我一遍遍告诉她原因不在于她是否生病，而是她的父母无法继续相处。有类似经历的人除了陷入内疚自责之外，很容易出现像李奇那样过度的责任心，进而导致亲职化的出现。亲职化这一概念最早由米纽庆（Minuchin）、格恩尼（Guerney）等心理学家于1967年提出，意指在家庭互动模式中亲代和子代角色倒置，由孩子过早承担起原本应该属于父母的责任，这种倒置分为情绪性亲职化和工具性亲职化。

情绪性亲职化：孩子在情绪上成为家庭成员的依靠，充当满足父母或兄弟姐妹情绪需求的角色，并在家庭中充当调解员的角色。

工具性亲职化：孩子承担起照顾其他家庭成员日常生活的责任，如做大部分家务、替代父母照料弟妹。

在严重亲职化的环境下长大的人容易出现以下三种情况：习惯服从、控制欲很强、极易退缩。无论哪种情况，他们的自我都很难得到充分发展，根据亲子三角关系理论，父母和子女之间最理想的状态是距离相等，形成等边三角形的模式，如果孩子长期主动或被动深度卷入父母的冲突之中，亲职化就会慢慢出现。由于孩子对父母天然的亲密，被矛盾裹挟的个体会陷入焦虑的状态，哪怕成年以后在外人看来非常优秀，却依然是“空心人”。

张凯从小就是传说中的“别人家的孩子”，名校毕业后进了闻名世界的金融公司，在人才济济的大公司里他依然是最优秀的那一个，工作短短几年就升职加薪。在旁人看来，他很有目标，也很拼，但张凯非常清楚地知道推他往前走的是恐惧，他害怕不被认可，害怕别人认为他不优秀，只有做到最好，才不会让把人生押在他身上的家人失望。

不难看出，张凯的内心极其没有安全感，这种拼命努力是不健康的，是因为本我与超我的冲突导致的焦虑与恐惧激发出来的防御机制，换言之，得到再多来自外界的成就和认可，都很难获得真正的快乐和平静。那么，和张凯一样不敢面对焦虑来源，一直自欺欺人会导致怎样的后果呢？一种是日积月累到再也无法承受之后精神崩溃，做出无法预料的举动；另一种是一条路走到黑，哪怕所有人都知道这样下去不行，却依然坚持到底。

林杰每每喝了酒都会和别人谈起他的发家史，总会说到父母早逝，残疾的爷爷奶奶把自己养大，家里连件像样的家具都没有，才五岁就学会了做饭。好在脑子灵活，走南闯北，开了公司。这使他对自己的眼光很自信，最终也因为这份自信毁了多年的经营。他拿出所有流动资金加上银行贷款投入一个并不熟悉的行业，开局不顺，旁人劝阻的时候，反而加大投资，最终资金链断裂，把主业也拖垮了。即便这样，他依然不认为自己判断有误。

如果说李奇和张凯的行为是由不安全感和焦虑推动而产生，林杰则是为了回避特殊成长经历带来的内心混乱而产生的“盲目自信”。根据心理动力取向的客体关系理论，个体做出种种行为是源于寻求。客体与自体是相对的概念，可以简单理解为他人与我，这种存在于内在精神世界的人际关系形态又包括内在客体和外在客体。

外在客体：实际存在的人事物。（如“妈妈骂你了”这件实际发生的事情属于外在客体）

内在客体：与实际存在的人事物相关的感受。（如因为被妈妈骂而感到伤心属于内在客体）

当客体冲突引发焦虑时，个体会发展出投射、分裂、理想化、贬抑等心理机制，同样经历亲职化的林杰触发的正是分裂这一机制，这时个体会将自体和客体完全割裂，并分别贴上“完美”和“无用”的标签，要么好要么坏。当“完美”的标签被贴到自体，个体会出现夸大自我的错觉，把所有精力聚焦到自己身上，越受挫越夸大自我；当“无用”的标签被贴到自体，则呈现相反的表现，个体会无限贬低自己，认为自己不配。这两种标签并不是一成不变的，因此导致个体的自我认同时高时低，加剧焦虑。

被亲职化经历牵制，不代表无法降低它对自身的影响，不妨试试以下做法：

1. 回溯过往，分辨哪些确实是你该负责的，哪些应当是抚养人负责的，那些被你过度承担的责任并不是理所应当的。

2. 了解你的内在客体，其中必然会存在不同程度的认知偏差。去了解那些认知的形成到底是出于主观认同还是客观事实，倘若是前者，可以问问自己为什么会这样认为。

3. 自我的发展是建立在了解自己的基础之上，当你通过前两步对自己有了一定了解之后，不妨认真想想“我是谁”“我真正想要的是什么”。

4. 自我是非常娇贵的，请像保护眼睛一样保护它，暂时远离那些会伤害、打压你的自我的人，让自我有健康成长的空间。等到拥有足够的能量的时候再去应对一切。

5. 安全感是构建稳固内心世界的基础，多和能持续让你感到稳定安全的人来往，会逐渐得到疗愈，同时做些能让你更有控制感的事情。

焦虑情绪就像生命力顽强的野草，只需很少的“养分”就会疯长，把“养分”留给自己，那样“野草”自然很难生长。

2 事事确定多无聊，不妨拥抱“不确定”

某天深夜，我和一位朋友打电话。他说：“现在我变得很依赖感情，而且要非常确定的那种。如果不确定我会极度焦虑。”类似的话我在很多人那里听过，有的人和他一样对爱情里的不确定性感到焦虑，有的人对工作方面的波动感到恐慌，还有的人对生活中的风吹草动惶恐不安，惴惴地看着焦虑情绪四处蔓延却无可奈何，最终罹患焦虑症的不在少数。张可就是其中之一。

从原公司离职，在新公司得到更高职位的张可最近越来越焦虑，由于特殊的工作性质，她是很多项目的第一责任人，稍有差池便要负全责。这种“剑悬在脑袋顶上，不知道什么时候落下”的压迫感使她的睡眠变得越来越差，人也越来越憔悴。一天晚上正准备睡觉，她忽然觉得有些喘不过气，心跳变得很快，只好连忙拨打120。救护车来到时，她的心率已经在140—160次/分钟波段。在医院做了全身检查，排除生理病变，医生下了“焦虑症”的诊断。经历了那次惊恐发作之后，只要焦虑程度上升，张可就会再次体验惊恐发作，长此以往，不得不辞职回家休养。

负面情绪会实实在在地对我们的身心造成不同程度的影响，对不确定性的担忧和恐惧往往是引发焦虑情绪的核心因素。我们在日常生活中自觉不自觉地形成许多惯性，在做很多事情的时候有着固定规律和与之匹配的心理活动过程，而不确定性会扰乱原有的心理定式，让我们体会到控制感的丧失，就像你原本已经规划好周末安排，却临时被叫回公司加班时感到抵触和焦虑一样。当我们足够关注自己的情绪时，会发现哪怕很小的事情都会令人感到焦虑。

焦虑情绪人人都体验过，但它影响的程度深浅取决于我们是如何看待问题的。深受“不确定性”困扰的人群相较于不那么容易受“不确定性”影响的人群，往往具有以下特征：

1.受过往经历影响，更容易关注负面信息并产生强烈的情绪反应。

2.遇事通常会急着要结果，哪怕结果很糟糕也比被不确定折磨好。

3.厌恶风险，行事趋向于保守。

4.遇事容易悲观，常对事件过分解读并进行灾难化解释。

受困于“不确定性”的人往往会在想象中无限夸大事件的负面后果，长此以往，思维方式会向灾难化思维转变，越来越关注细枝末节，臆想最糟糕的结果，并认为它很大概率甚至是一定会发生。这种思维模式会不断强化大脑的相关神经连接，让相应的脑区变得更活跃，变得对不安因素十分敏感，更容易焦虑，频繁以灾难化的眼光看待事物。与之相反的是尽管会为“不确定性”感到适当的担忧，但很快就能够接纳现状，并把注意力转移到其他事情上的人。

李嘉和钱苗苗既是朋友又是同学，两人十分热爱表演艺术，都向往着能够考上电影学院。然而横在他们眼前的第一个难题是无法真正“打开”自己，每当对外表演的时候表现力总会比私下练习时差一大截。面对这种情况，他们不由得怀疑自己到底还能不能走演艺这条路，十分气馁。认真思考后，李嘉压抑住恐惧，先在熟悉的亲友面前表演，再逐渐在有少数陌生人的场合表演，经过一段时间的练习，他终于可以在大众面前表演自如。钱苗苗则因为害怕在陌生人面前表演，以至于在人前的表现越来越糟糕，甚至出现一上台就忘词的情况，无奈之下只好放弃表演转而考大多时候待在幕后的专业。

差不多的起点，差不多的境况，最终结果却截然不同，根本原因在于两个人的认知模型差异。某件事情发生的时候，到底是顺从情绪还是用理性替代情绪因人而异。从概率上来说，过往常常有顺从情绪的人更容易再次产生顺从情绪，反之亦然。不妨从李嘉和钱苗苗的例子来看看其中的差别：无法在外人面前自如表演（事件），怀疑自己能不能走这条路（想法），感到气馁（情绪）。直到产生情绪阶段他们都是同步的，但是产生情绪之后两个人的选择不再一致，李嘉对事件的回应是用行动尽可能地解决问题，钱苗苗则选择了屈服于情绪，从某种程度上来说，“我知道我做不到”比“观众会不会觉得我不行”更能让钱苗苗有安全感。因为不确定性而异常焦虑的人应对各类事件时很容易做出和钱苗苗差不多的选择，为了不受情绪的折磨，宁愿选择放弃，即便需要付出更大的代价也不想再继续尝试。

要从“想象中的旋涡”里爬出来，可以参照以下步骤加以练习：

1. 遇到不确定因素，由于惯性使然，感到焦虑不安是很正常的，也应该被允许。不过请为你的焦虑设置时长，比如一个小时，这60分钟里你可以放任自己的情绪，时间到了之后马上开始做别的不需要太费力的事情（看剧、散步等），让注意力得到转移而不是像从前那样一味地沉浸在情绪里无法自拔。

2. 注意力转移之后，我们的情绪会逐渐平复，这时候可以对自己的想法进行甄别。用已掌握的信息去推论引起焦虑的事物之中哪些是客观事实，哪些是过度想象，直至完全合理。根据结论专注于你能把握的部分，用行动牵引情绪回到正轨。

3.对不确定性的恐惧暗含着对自身的不信任，不相信自己能做好，因此把能把握的部分做好会让我们意识到原来事情远远没有想象中那么可怕。如果目前的能力确实有所欠缺，不妨针对具体情况进行提升，在能力提升的过程中自信心也会不断增强。

4.面对来自生活其他方面新的不确定因素，尤其是那些非常陌生的事件，例如性格内向却被要求在年会上表演节目，这时可以借鉴心理咨询中的暴露疗法来克服焦虑情绪，找一个安静无人的房间，对“不确定事件”进行具体的想象。反复练习之后会对原本十分陌生的情景变得熟悉，恐慌感自然就会随之减少。

事事确定固然稳妥，却极为罕见，不确定才是常态。在人生的海上摇晃前行时，我们唯一能做的是握好手中的船舵，任它狂风暴雨，只管向前航行。

3 对消极思维模式说“不”

“这么简单的事都做不好，我真是个废物。”

“别人觉得我厉害，只是因为他们还不了解我。”

“这个项目搞砸了，人力专员是不是马上要来和我谈离职了？”

诸如此类的内心活动无一不透露着强烈的焦虑感，仿佛能看到当事人内心无比焦灼的状态，种种不安都指向了消极想法。和积极的思维模式带来的乐观不同，消极的思维模式往往会把我们的视角限制在非常狭小的范围，且常常具有以下特征。

1. 非黑即白：做某件事时，一旦遇到挫折便认为自己不可能做好，于是选择放弃。

2. 小题大做：没有得到想要的结果，就认为自己一无是处。

3.片面看待：在事情未发生前就认定自己做不到。

4.最大化或最小化：无限放大不足挂齿的小失误并认为别人也抱有同样的看法，又或者明明做得很好，得到很多夸奖，注意力却仍然集中在曾经的过失上。

5.负面判断：得到更高的成就和职位时很容易发自内心地认为自己“德不配位”，总认为其他人比自己实力更强，从而感到心虚。

6.习惯性自责：只要做得不够完美，就会抱着“我怎么这么差劲”的想法过度思考，陷入情绪旋涡。

消极思维模式由过往经历缓慢造就，拥有这种思维习惯的人也许小时候被严格要求，只要没做好就会被责骂；也许因为种种原因被打压，久而久之把那些负面信息全面吸收内化；也许长期以来自尊需求得不到满足，成为低自尊者。除了自身经历之外，大环境在某种程度上也会影响我们的思想和行为，稍加对比就可以发现，东亚人整体来说在拍照时更倾向于抿嘴笑，欧美人则多数露齿笑，这种习惯的形成和文化差异分不开。东亚文化更讲究谦虚，所谓“满招损，谦受益”，行事偏向内敛，欧美文化往往鼓励个性化以及自我展示，行事显得张扬一些。

在我上一本书《与我们内心的冲突和解》的签售现场，有位读者提问：“我很容易觉得别人不尊重我，哪怕是很不起眼的一句话都会让我暴怒，比如说那天有个客户问我说你能不能做好，我一下就怼回去了。这种性格应该怎么改变？”不难看出，他表面的高自尊心背后藏着自卑，而我在回答的时候很注意措辞，告诉他可以多给自己一些信心。

这位读者之所以会对外界信息如此敏感，和他的核心信念有关。核心信念是认知行为疗法中的概念，顾名思义，核心信念是我们最核心的认知，它始于童年，以生活为蓝本，在重要他人的期待和评价、社会比较和各类创伤事件的共同作用下逐渐形成的对自我、他人以及世界的概括性认识，并不断得到强化，既有正面核心信念，也有负面核心信念。形成正面核心信念的人自我评价水平更高，更乐于与外界互动，看待事物的心态也更为积极，持有负面核心信念的人在各方面与之全然相反，自我评价低，遇事容易悲观，容易从自己的角度去曲解别人的用意，易对人际关系造成负面影响。负面核心信念就像一株缠绕着内心生长的寄生植物，无时无刻不吸收生活中各类信息进行负面解读来壮大自己，渐渐遮天蔽日，我们的内心就会开始“生病”。这一天来临之前，那些时不时在脑海中浮现的不良情绪和感受不断地提醒我们它又长大了。

如果说核心信念是根，那么偶尔浮现的自动思维就是本。提出这一概念的认知行为疗法之父——贝克早期的研究集中在抑郁症的范畴，研究过程中他发现患者的自动思维往往呈现消极状态，也就是大脑中未被意识干预而自动显现的想法、感受、与事件相关的联想等，并因此产生关于自身、未来和外界的负面情绪。这种真切的感受让患者觉得这种想法是可信的，日积月累认知开始扭曲，并发展出与之配套的补偿策略。

受疫情影响，高杰本就摇摇欲坠的生意每况愈下，原本就爱喝酒的他愁得开始每天酗酒，每天睡到下午，无心生意，最终公司倒闭了。事业失败给他带来很大打击，认为自己的人生就此完蛋，变得更加依赖酒精。每天睡醒就喝，喝醉了就睡，哪怕妻离子散也无法唤醒他，这样的日子过了几年，高杰确诊肝癌。

高杰的表现属于非常明显的消极补偿，这种策略的典型特征是破罐破摔。除此之外，补偿策略中的过度补偿也属于负面补偿，如一个人从小被严格管教，长大后无度放飞自我。积极补偿则属于正面补偿策略，和另外两种策略相比，它是用积极的态度去解决问题，比如《国王的演讲》这部电影中，乔治六世在语言治疗师的帮助下克服口吃，顺利站在民众面前演讲。可见，思维模式会对我们的行为产生深远的影响。

想要调整消极的思维模式，可以试试按照以下步骤进行练习：

1. 通过寻找支持性证据来验证那些引起自己情绪波动或自我谴责的事情到底是基于客观事实还是出于情绪化的判断，把负面论断改为疑问，如把“我觉得我糟透了”换成“我真的糟透了吗？”，然后用“我其实在某些方面做得还不错”这类正面证据来回答问题。

2. 认识情绪。当我们产生负面情绪时，问问自己为什么会因为这件事产生这样的情绪，我以前有没有因为类似的事情有过同样的感受，如果有，这些事情最让我不舒服的共同点是什么。这个答案的背后就是我们一直不愿意承认的恐惧，可能是由来已久的自卑，也可能是别的。

3. 找到那个令你足够信任且愿意积极关注你的人。虽然在生活中我们很难做到心理咨询里的无条件接纳，但一个愿意用心倾听和接纳的人可以在很大程度上缓解我们那些时不时冒出来的负面情绪。

有时候，怎样解读一件事决定了我们是否能够过得开心，既然开心是一天，不开心也是一天，为什么不和负面思维模式说再见，转身拥抱正面思维模式呢？毕竟，这样才会让美好的事物变得更美好。

4 工作成瘾，也许只是在逃避

在生活中，不难见到非常努力工作的人，也许你就是其中之一。同样是工作狂，有些人发自内心地沉浸其中，感受到无穷乐趣，有些人背负着“我不得不”的压力为它所困，二者的差别不言而喻。尽管在临床领域工作成瘾尚未正式列入诊断手册，但是它实打实地给我们带来了困扰，值得关注。

什么是成瘾？起初特指药物依赖，如毒品、部分精神类处方药成瘾，后来延展到行为成瘾，如网游成瘾、赌博成瘾、烟酒成瘾、购物或饮食上瘾。我们之所以会对某件事或某种东西上瘾源于大脑的奖赏机制，多巴胺的分泌会让人在不同的行为中获得快感，分泌得越多就越想做，次数的增加又在无形中强化我们对同类事物的敏感度，形成条件反射。比如，想到喜欢吃的食物会分泌唾液，而一个具有成瘾行为的人听到或想到和成瘾物相关的词汇、画面时，大脑相关区域会活跃起来，加深依赖。由于这一神经化合物往往在初始阶段分泌最多，随着次数的增加，分泌量不足，导致人陷入低落、焦躁的状态，为了摆脱这种不适感，个体增加成瘾行为的频率以追求等量的快感。这一过程中，大脑前额叶功能会退化，意味着成瘾者的自我约束能力进一步被削弱，逐渐从成瘾行为升级为成瘾障碍，到了后期，他们不再是为了追求快感，而是不做会非常难受，为了逃避痛苦而继续。

成瘾行为的产生需要具备两个条件：1.它确实能够给人带来心理或生理上的快感。2.个体出现成瘾行为时往往处于较为痛苦不安的境况，想要逃避现实。

普遍来说，成瘾行为的背后通常是因为个体遭受过大的压力、沉重的打击抑或备受负面情绪煎熬，无法找到很好的出口的同时缺乏必要的社会支持。也和生活环境有一定关系，譬如长期身处同一环境，我们的认知会在不知不觉中趋同于群体。例如，某个中学生对网游成瘾不去上学，是因为在学校有过很不好的经历，在家又得不到足够的关心，后来认识了同样“家里蹲”的朋友，看到别人也这样，于是不慌了，继续沉浸在网络世界。成年人工作成瘾的原理与此大同小异。

工作成瘾者的举动往往带着挥之不去的强迫感，和因为客观原因不得不加班的“强迫”不同，他们的强迫感是由内而外的。工作往往占据了工作成瘾者大部分甚至所有生活，在他们的认知里，没有下班的概念，哪怕休息时间依然在工作或者琢磨与之相关的事，但是他们的心理状态不像创业者般充满激情，反而是不快乐的。他们能够意识到这种不快乐，可是无法控制自己的行为，一旦停下就会被焦虑、不安等负面情绪吞噬，之所以这样，是因为无意识地把工作当成“救生圈”，寄托了过多的未被满足的期望，可能是缺少爱和关注，可能是掌控感的缺失，总之必有一项或多项匮乏。

痛苦的工作成瘾者的形成通常是因为以下几个方面：

1. 自幼被严厉要求，不允许松懈，从小养成的惯性延续到成年后，稍作放松就会产生自我厌弃的情绪，从表面上看他们是在追求成就，实际上可能是在回避和自己的真实感受相处。又或者工作是获得外界认可的唯一途径，促使他们成为工作成瘾者，成瘾背后是对认可的渴求。

2. 兴趣爱好较少，快感来源单一。平日里对很多常见的事情都没有兴趣，比如游戏、追剧、阅读、运动等，这会让人产生一种空乏的自我隔绝感，感觉不到自己和外界的联系，恰好工作是不得不做的，过程中逐渐对工作过度依赖，常常出现“不工作不知道干点什么事情好”的想法，可以理解为工作对他们而言是和外部产生联系的途径。

3. 过度孤独。例如，有些人只身到陌生城市或国家工作，因为种种原因交不到朋友，又不是一个能够享受独处的人，宁愿加班也不愿意回到空荡荡的家里独自对着四面墙。

4. 自我伪装。出于这个原因而工作成瘾的人，本质上是不喜欢工作的，也许是为了配合公司的氛围，满足上级或者他人的期待，而做出努力工作的样子。

5. 逃避现实。也许是家庭成员之间相处不愉快，也许是遇到一些难以解决的事情，用工作麻痹自己，这时候工作对他们来说是心灵层面的避难所，躲进去就可以暂时不面对外部的一切。

我有一位事业很成功的朋友，她具备所有职场女强人的特质：精力旺盛，做事严谨，善于沟通，还有就是工作时间非常长。某天，我问她：“这样长期加班你会不会很累？”她表示很无奈，坦言确实会累，但与其回家面对无数争吵，不如在公司加班。回家只会不开心，加班还能升职加薪。后来，她和家人的关系不断恶化，最后到了不再往来的地步。

从家人的视角来看，这位对工作十分负责的朋友展示给家庭成员的是冷漠、无法沟通的面目。可以说工作成瘾无形中减少了个体投入在自身或生活其他方面的精力，往往是因为不想，也可以看作回避，某方面的失衡导致了工作成瘾，同时它又加剧了这种不平衡。应该如何调整这种不良状态呢？

1. 找到真正的原因。过度沉迷工作可能是因为你想转移痛苦，可能是因为你渴望着什么却得不到。找准背后的原因，解决了那个问题才能不过度依赖工作。

2. 调整自己的认知。可以尝试列表，看看你害怕或想得到的东西是不是只有通过工作才能回避或得到，如果不是，还有哪些途径。不妨试试那些被你列出来的方式，纠正“工作等于唯一的解决办法”的认知。

3. 多交朋友，发展兴趣爱好。人人都需要情感支持，当这种支持不足的时候我们会下意识地把那些更可控的东西当成寄托，这是一种自我保护，但很容易把人导向极端的方向。优质的人际交往也好，广泛的兴趣也罢，都是为了让我们的生活多几个支点，处于更平衡的状态。

4. 允许自己慢下来。一味地强迫自己反而限制自我能力的发挥，毕竟物极必反。没有什么东西在后面追着你，让你必须不停地往前跑，那只是长久形成的恐慌而已。让你无法停下工作的原因是对这种恐慌过于熟悉，请试试体会慢条斯理的感觉，这种感觉也很好。

沉迷于工作无法自拔是好事，努力的同时不要忘记，除了工作还有生活。

5 善用焦虑：助燃器与大爆炸

不知道你是否观察过流浪猫和家猫的区别？长期流浪在外的动物总是带着警惕，人刚想靠近它就咻的一下跑得无影无踪；家养的动物很黏人，很放松，生存本能造就了差异。人类的本能反应也让我们时常随不同情境产生各种情绪，面临潜在危险难免会感到焦虑，就像流浪猫认为人是危险的而选择逃跑，期盼威胁消失的念头推动行为的产生。某些时刻，焦虑情绪就像一把刀，既可以是十分好用的工具，也可以是伤人伤己的武器，关键在于如何与它相处。浮于表面的情绪背后往往藏着不同的声音，也许它的真面目是担忧、不安、紧张和压抑，有些是外界赋予的，有些源于内心。

各方为了利益贩卖焦虑的时候，身处群体之中的我们难免被殃及，仿佛达不到特定标准就意味着人生很失败，不去一线城市是没追求，没房没车是没能力，不能升职加薪是不上进，当我们被这些思维驯化，对方自然而然地掏出商品，处处透着只要买了它就可以成功的意思。就像很多职业培训课程的宣传噱头是只要报班，你也可以月入过万，乃至喊出“在你犹豫的时候，你的竞争对手已经报名了”的口号，精准地抓住了许多人的焦虑点。到底是什么让我们容易掉入“焦虑贩卖者”的陷阱？

生活在发展极其迅速的时期，很多行业已经消失于时代中，目睹这一过程会对个体的安全感造成一定程度的冲击，联想到自身，怕跟不上时代发展的速度。同时，当某些标准已经成为约定俗成的大众认知，迫于群体压力，我们不自觉地做出从众行为，不断满足成就需求，无形中加剧了群体焦虑，再折射到个体身上。适度的群体焦虑可以让社会更高效地运转，一旦过度，多数个体感到无法承受时，社会的发展也会失衡。于个人而言，焦虑水平的高低同样会带来积极和消极的影响。

雷伍是“小镇做题家”的典型代表，家庭无法提供助力，他靠好成绩在大城市谋发展，即便工作压力很大，依然能做出超越上司期待的成果，晋升很快。这种压力就是动力，有一天，这种把焦虑化作助燃器的生活戛然而止。原来升职后，他负责带领一个大型团队展开新项目，中途波折不断，项目不能如期落地，最终导致被砍。本就因此失眠的雷伍难以承受来自同事们的失望情绪和事业失利的结果，越来越焦虑，只好请了长假休整，重返职场后表现大不如前。

积极焦虑和消极焦虑均属于现实性焦虑，是个体面对潜在挑战时产生的与刺激事物程度相匹配的情绪反应，其性质差异受我们的认知和经历的影响。根据压力倒U曲线，压力水平最高的时候，表现最差，完全没有压力下的表现也不如想象中那么好。最佳表现往往出现在压力适中的时期，因此积极焦虑是有利的，适度压力能够让我们比往常更集中注意力，摒弃外界干扰，加快调动记忆的速度，提升工作或学习的效率，因此有些运动员在赛场上的表现比训练时更好。与之相对，消极焦虑则是拖后腿般的存在，其中的细微差别在于前者驱动我们在所要做的事情上最大限度地激发潜能，在能力范围内做到最好，后者让我们聚焦于情绪，无暇顾及当下的任务，正如重要面试前，一味想着“万一别人不要我怎么办”，事前难以抽身充分做准备，面试时受情绪影响没有发挥最佳表现。更容易被消极焦虑困扰的人通常具有以下特征：

1.长期处于高压状态，面临诸多增加应激反应出现频率的事件，比如工作性质不允许出错、有过被家暴或虐待的经历，或者通缉犯这类特殊人群。

2.容易将自己与他人进行比较，又相对自卑，在比较的过程中放大焦虑。

3.无法接纳自己而过度渴求来自别人的认同和接纳，过度看重外界评价，害怕表现不好让别人看笑话。

4.敏感程度较高，习惯性夸大不良因素对自己造成的影响，比如只是犯了个小错误，却认为自己的职业生涯有可能因此终结。

从人格层面来说，这四类人通常具有焦虑型人格特质，过往经历造成的不良认知和负面信念逼迫他们成为情绪的奴隶，焦虑情绪长期无法得到排解最终会导致病理性焦虑。个体起初只是因为特定事件焦虑，紧张恐惧的程度和现实相匹配，逐渐发展为偶尔在没有刺激源的前提下依然感到莫名焦虑，随着程度的加深，焦虑的程度不再符合实际，频繁无缘由地出现焦虑情绪，也就是广泛性焦虑障碍。有时我们未必能及时感受到情绪的恶化，但躯体反应会悄悄提醒我们，比如总是感到头晕头痛、胸闷气短、心率过快、肌肉震颤等，如果生理检查未发现病变，往往是焦虑症在作祟。想让焦虑成为优异表现的助力，前提是我们能够很好地把握平衡度，保持对焦虑的觉知，不陷入过分焦虑的境况。

1. 让情绪自由浮现，不去压制它，问问自己当下因为什么感到焦虑。这样有助于我们将注意力从情绪转移到导致情绪出现的事件上，思维从感性过渡到理性，认真分辨哪些是过度担心，摒弃夸大想象的部分。

2. 假设是某事让我们很焦虑，又暂时无法解决，请允许自己得到完全的放松，哪怕只是15分钟，前提是不继续围绕着问题打转，什么都不去想。

3. 当你因为工作感觉情绪已经接近临界点，请暂时降低工作强度，如果现实条件不允许，可以尝试碎片化忙里偷闲，在工作间隙活动一下身体，看看窗外，吃一些糖分较高或香气较重的食物都有助于平复情绪，倘若长期借助烟酒，反而会加深焦虑。

4.向社会支持系统寻求帮助。我们有着天然的亲和需求，感到焦虑的时候可以和家人、朋友见面聊天，除了陪伴带来的抚慰之外，拥抱等肢体接触能够刺激大脑分泌催产素，增大身体内的供氧量，减缓压力。如果独自一人，可以尝试有规律地深呼吸，为身体带来更多氧气，同样可以减缓焦虑情绪。

焦虑不完全是坏事，助燃器与大爆炸不过是一体两面，走向哪边的决定权掌握在自己手中。

第三章

愤怒的背后是什么

1 为什么总是这类事情让我生气

不晓得你是否有过以下体验？面对同类事情时愤怒情绪很容易升起。也许是计划被打乱的时候，也许是联系不到对方的时候，也许是感觉被忽视的时候。倘若你的愤怒程度远超事件本身且频繁为此生气，背后或许藏着未解决的情结。那是对过往创伤的记忆和情绪混杂而成的心理束，就像团在一起打了死结的毛线球，往后经历相似事件时会再次牵动它，让自己瞬间成为情绪的奴隶。如果把我们的意识比作一个结构复杂的幽深山洞，在洞口能够轻易窥见的是表意识，隐匿在一片漆黑中的是潜意识，需要艰深地探索才能略见一二，而情结是在深处的“定时炸弹”。

当我们经历创伤事件时，因为被伤害而产生复杂的情绪体验，如无奈、悲伤、恐惧等，以及针对自己或他人的愤怒，并不能全由时间治愈，深埋在潜意识中的情绪若没有得到及时处理会导致我们对同类事情“过敏”，哪怕从表面上看它和曾经的经历毫不相关。在讨论愤怒之前，让我们一起看看创伤的类型有哪些?

1. 影响深远的重大一次性创伤。比如，遭遇严重车祸、被性侵、长期被虐待，往往会导致个体罹患创伤后应激障碍，出现失眠、侵入性思维、闪回等症状。

2. 常见的一次性创伤。失业、离婚、破产等，令个体陷入持续的负面情绪中。

3. 急性创伤。个体目睹了他人遭到严重伤害的场景或对心理造成一定冲击的画面，相对前两种创伤持续时间较短，但仍然会让个体产生惊恐、失眠症状。

4. 慢性创伤。通常由单一但反复发生的事件导致，如长期遭受家暴、霸凌、孤立或者久病在床，往往会导致个体性格改变，出现情绪障碍。

5. 复合型创伤。个体多次经历不同程度的创伤，小到被当众指责，大到身体受到伤害，可以理解为在成长过程中不断叠加的创伤，是否构成心理创伤因人而异。

个体在人生早期体验过多创伤，与成瘾以及行为控制相关的脑区会受到一定的影响，内分泌系统和免疫系统也会有相应的变化。儿童群体常见创伤后表现是无法专注导致成绩下滑，被焦虑、抑郁情绪困扰而出现逃课或跟家长老师反着来等对抗性行为，易激惹所以看起来脾气变得暴躁或者过于容易受到惊吓。成年人群体常见的创伤后表现是出现易成瘾行为，比如过度吸烟饮酒、滥用药物、习惯性自伤、极易与他人发生冲突等。除了性格转变之外，未治愈的创伤也会对个体的性格特质和行为模式造成不同程度的影响。

如果我们曾经总是被打击，需要争取目标实现的时候很容易觉得焦虑恐慌，以致在工作、感情各方面时常临阵退缩；如果我们曾经历过多的动荡，独立的同时经常因为意外事件感到愤怒；如果我们反复体验过被抛弃，“我得不到”的概念已经深入潜意识，于是自觉不自觉地做出自毁行为，可能是无节制地暴饮暴食，可能是亲手毁掉稳定的生活；如果我们从小一直被拒绝，长大后难以学会向他人求助，宁愿自己扛着，即便事情无可挽回也不愿开口；如果我们有着许多未被看见的创伤，身体的肌肉可能总是不明所以地紧绷酸痛。

愤怒情绪反复出现可以让我们有机会了解那些从未被看到过的未愈合创伤，之所以会生气是因为期望落空或者需求未得到满足，但是这种期望未必是针对现在，往往是在拷问过往。

不如就让我拿自己作为例子吧。小时候我不在父母身边，因为一些原因总是换学校，偶尔妈妈带着零食来探望我，我开开心心吃完后就看着眼前的包装袋大哭，创伤也许就是在那时埋下的。后来，我和父母住在一起，他们的工作很忙，时常要应酬，每次我总是死死抱着他们的腿哭，不让他们出门，当然多数时候是阻止不了的。直到近几年我才意识到这些经历对我造成了什么影响，曾经只要事情暂时没有确定结果时，我就会感到非常焦虑；在亲密关系中，我也需要对方加倍表达感情，没有交代忽然消失会让我非常愤怒。

那么，我是如何缓解这种状态的呢？简单来说就是“翻译”自己的情绪。例如，我总是因为对方莫名消失的行为感到生气，这是表面的语言，潜台词是我需要确定对方还在，需要别人在意我，到这一步翻译就完成了，接下来需要做的是阅读理解：我的这种需求为什么会如此强烈？原来是因为小时候的经历让我经常体验被抛弃的感觉，所以对类似行为很容易紧张。遵循这样的步骤就可以发现愤怒背后真正的原因。找到答案之后，我们要做的就是尽量处理好创伤。

1. 愤怒的背后往往是匮乏，无论是缺爱还是缺乏认可，缺什么补什么。当我们心里有创伤的时候，完全依赖外界会让自己陷入风险不可控的状态，不如尝试自己满足自己，尝试抚慰自己，做一些能够让自己获得成就感的事情，逐步提高自我认同感，慢慢学会爱自己，让情绪归于平静。

2. 我们在已经遭受损失或者情况即将失控的时候最容易暴躁，反复因为同一类型的事件生气往往是因为潜意识认为自己无法控制局面，就像小时候我无法阻止父母出门应酬，长大后默认我无法阻止爱人离开，在情绪的推动下做出种种破坏关系的行为。其实，想要扭转心态只需要把注意力放在自己能做到的部分，不再一味纠结自己无法控制的部分。

3. 不再站在受害者的位置，未必要原谅那些带给你伤害的人，不过请和过去的自己握手言和。我们反复感到愤怒多是出于对自己的愤怒，比如为什么我当年做不到，为什么我当初没办法保护自己。不妨借助意象对话的方式和那时候的自己好好沟通：找个安静的房间，想象曾经被伤害的自己正坐在你面前，一起聊聊天，让他/她慢慢说出当时的感受，然后给予安慰与支持。这个方式能够让我们面对自己内心真实的想法，这样才能看到被藏起来很久的情绪。

反复生气像煮沸的水般不断冒泡泡，是内心在提醒我们还有尚未处理的创伤，找到它，疗愈它，火熄了，锅里的水自然会随之变得平静，情绪也是如此。

2 不同表现形式的愤怒

愤怒作为原始情绪之一，是我们再熟悉不过的情绪种类，也是一种本能反应。本质上，愤怒和恐惧的产生路径很相似，都是受到刺激后启动大脑的防御机制。感到愤怒或恐惧的时候我们会在交感神经系统的影响下出现心跳加速、手心出汗等生理现象，不同的是处于恐惧之中时选择战斗还是逃跑，这时，恐惧往往会指向攻击行为。

虽说情绪人皆有之，但每个人的应对方式不同，有的人向内攻击，有的人向外攻击。向内攻击的人习惯把愤怒情绪对内，发泄在自己身上，向外攻击的人更习惯把愤怒情绪对外发泄，这种个体差异和成长经历、性格特质无不相关，前者往往具备以下特征：

1. 在成长过程中情绪表达不被允许，也许原生家庭氛围较为严肃或尝试表达情绪的时候经常被打击，由此养成压抑情绪的习惯，会下意识压制负面情绪。

2. 性格较为敏感柔软，十分在意外界评价，容易被外物扰动情绪的同时过分揣测他人的反应，不敢表达自己的内心感受。

3. 内心自卑，低估自己的价值，当愤怒情绪出现时认为“我不应该”。

后者的特征如下：

1. 曾经处于弱势地位且无力反抗，如幼年时期体验过被反复伤害，家庭成员中有人脾气暴躁或家暴成性，长大后个体可能会用攻击他人的行为来弥补当年弱小无力的自己。

2. 过往频繁使用发脾气作为手段使他人服从自己，比如一个人从小只要发脾气，抚养者就无限满足他的需求，长大后会把自幼习得的模式当作解决问题的办法带入与他人的关系中。

3. 出于对现状的不满，把对自身的愤怒转向外界，以减轻心理压力，这也是为什么人在感到压力大的时候容易脾气暴躁。

两种截然不同的表达情绪的形式都较为普遍，相对罕见的是冲动型人格障碍，其中包括攻击型人格障碍和爆发型人格障碍，他们因为缺乏自我控制能力而情绪起伏较大，在受到外界刺激时非常容易爆发，情绪平稳后会后悔，下次却依然我行我素。和其他人相比，他们不那么容易感受到快乐，在一定程度上缺乏安全感，冲动型人格障碍的人往往高频出现在习惯性家暴的群体之中。除了这种极端的外向攻击，常见的向内攻击和外向攻击在某些情况下可以相互转换。

身边人对张军的评价向来是老好人，仿佛永远不会发脾气。渐渐地，亲朋好友和他相处时的态度变得不是很尊重，随意向他发火，稍有做得不够好的地方就对他加以指责，这种生活状态持续了很久，终于，张军在沉默中爆发了，持刀伤人，导致了不可挽回的后果。

根据精神分析流派的生本能和死本能的概念，张军在旷日持久的忍耐后选择反抗是死本能被唤醒，做出的攻击行为。一旦死本能向内，个体就会走向自毁，这条路走到尽头会面临两个选择：了结自己或是把箭头对外，前者将个体导向自杀，后者推动“张军们”把攻击性向外宣泄。

此外，习惯性发泄愤怒情绪的人在特定契机下也会有所改变。

张禾在感情中稍有不顺心就会发脾气，导致每段恋情都不长久，前任对她的评价高度一致，认为她是被家里宠坏了。上次分手不久后她又开始谈恋爱，就在所有人都以为这次会和以前一样的时候，这段恋情却出奇地持久，原来每当她尝试指责或者发火时，现男友都会表示理解，不解释不反击，只是坚持要等她情绪稳定后再沟通。原来的不良沟通方式多次受挫，张禾不得不调整自己的沟通方式去适应对方。

和“张军们”相比，“张禾们”学会了良性的情绪表达方式，既不过分向内也不过分向外。如果想让自己使用更健康的情绪表达模式，需要识别愤怒情绪下的攻击状态。常见的攻击行为通常有主动攻击和被动攻击两种，顾名思义，主动攻击意味着率先做出攻击行为，比如挑衅对方、用攻击性语言或行为激怒对方、故意刁难对方；被动攻击通常为不断抱怨、故意反着来诱导对方先行表现攻击性。适当的愤怒能够让我们厘清边界，保护自身利益不被侵犯，生活得更舒心，过度的愤怒不仅会伤害自己，也会伤害到别人，既然人人都有愤怒的时刻，如何才能更好地应对那些源于自己和他人的愤怒？

当你出现愤怒情绪时：

1. 识别情绪的产生是否真的因为对方的某句话或某个行为，还是因为曾经的类似创伤导致你分外敏感，尝试解决过去的创伤才能解决当下的问题。

2. 有时候人会不自觉地把压力向外界转移，当对方的行为一如既往，自己却开始发脾气的时候，不妨反思一下，到底是因为对方做了什么而生气还是因为其他方面不顺想找个途径发泄，俗称“找碴儿”。当意识到自己正在找碴儿时，我们更应该做的是找到压力源头。

3. 如果真的是对方做错了什么，请用不带攻击性的话语向对方表达你的感受：我现在很生气，因为……

（清晰指出具体行为，例如对方没有遵守承诺），我觉得……（讲述自己因此体会到的感受，而不是指责，把“你不在乎我”换成“不被在乎”，两种句式的意思差不多，但少了指责）

如果有人对你发火：

1. 请尝试引导对方进行思考，例如某人对你发无名火时，可以问问对方是谁惹到他，把对方的注意力从你身上转移到他自己身上，识别情绪的来源。

2. 正如文章开头所写，愤怒和恐惧的路径非常相似，向外攻击往往意味着背后藏着没有被满足的需求，在对方表达愤怒的时候，首先对这种情绪和行为表达理解，当对方感受到被理解后，情绪的强度就会开始有所减弱。

3. 当对方处于非常愤怒的状态，言语表达很激烈时，尽量克制自己不要被对方的话语勾起攻击的欲望，比方说对方不停地数落你，一旦你的情绪被卷进去，开始指责对方，就变成了互相尝试让对方服从自己，但谁也不服谁的境况。不如先行离开，暂停沟通，并且明确告知对方你只会在双方能够正常沟通的时候进行沟通，往后也要坚守这项原则，一旦被突破，原则就不再是原则，也不再能够达到同样的效果。

原始情绪生来有之，必有其作用，与其尝试摆脱，不如尝试与它和平相处。

3 非暴力沟通：让愤怒背后的需求被看见

生气的时候，我们总认为是因为对方不恰当的言行，确实如此，可是愤怒的背后往往隐藏着尚未被觉察的需求，别人看不见，自己也看不见。

不妨回想你上次生气的情景，是否因为感到不被尊重、被伤害而引发愤怒情绪？从表面上看，情绪的出现是作为一种防御手段甚至是攻击行为，试图让对方意识到这种做法是不对的，就像小猫面临威胁时会弓起背哈气。殊不知对人类来说，这是迂回地表达需求的方式，需求一旦被看见，怒气就会平息不少，这也是为什么当我们因为生气而非常激动，如果别人对此表示理解，就会慢慢平静下来。可是，哪怕知道背后的原理，很多时候我们依然无法做到不带情绪且以很直接准确的方式表达需求。

小叶和小黄一直以来关系都很好，可是最近小叶觉得小黄常常会忽略她的感受，似乎所有人和事的优先级都排在自己前面，开始质疑对方是否真的把她放在心上。小黄并不知道她的想法，每天依旧忙碌着，终于有一天，面对劈头盖脸的责问，才意识到原来愤怒的情绪在小叶心中酝酿了很久。对此他也很无奈，觉得自己明明没做错什么，于是两个人你一句我一句吵了起来。

这种现象在生活中很常见，当情绪升起，原本想要表达的需求早已被抛到一旁，取而代之的是不断表达情绪，让沟通走向失败。这种现象与不懂表达以及不良的沟通方式有关。一个人能否说出自己的需求和他对表达后的预断是消极的还是积极的有关，假设他有过多次表达感受和想法时被否定或漠视的体验，时间久了，很难再顺畅地说出需求，因为固定认知中觉得就算说了也没用。还有一种情况是这个人曾在表达方面受过强烈的心理冲击，也许是很小的事情，但对他造成很大的创伤，此后为了避免伤害，很难像其他人一般感受到自己的感受，意味着他几乎无法真正觉察自己的需求。另外，如果一个人在说出自己的想法的时候总是被指责，他会产生“到底说什么才是对的”的困惑，进而为了避免冲突而压抑真实的需求，做出配合对方的姿态。以上种种通常意味着这个人被不良的沟通方式伤害过。

带有伤害性质的沟通方式通常有以下五种：

1. 批判。我们对某人进行批判的时候，话语往往带着指责和否定，例如你真没用、你没救了、我就知道你心里没我。这类攻击性表述很容易激发对方的防御本能，下意识进行反驳，让双方陷入争吵。

2. 对比。把某个人和别人进行比较以说明他做得不好，这样做的人的初衷可能是“我希望你可以做得更好”，但往往适得其反，因为这种行为是在攻击对方的自尊。例如，你看别人家的孩子成绩多好，你怎么这么笨。

3. 推卸。这也是很常见的不良沟通方式，俗称甩锅，比如都怪你，不然我也不会这样；如果不是你事情早就解决了。正如前文所说，在沟通过程中，如果对方感到被理解，负面情绪会消解很多，而这种无视对方的努力和付出的方式会让人倍感委屈，等于火上浇油。

4. 威胁。选用这种方式的人多是想利用对方的恐惧，可能是害怕失去，可能是害怕冲突。这种手段在未成年人和成年人群体中都很常见，比如小孩用不去上学逼迫家长满足他的心愿，父母制造内疚感让孩子服从自己，又或者情侣之间总是用提分手的方式逼对方做出让步。但是，对方屈服的次数越多，代表他压抑自我的感受越深，一旦某天再也受不了了，关系就会走向破裂。

5.冷漠。越亲密的关系，冷暴力越“有用”，它往往带着“你不顺从，我就让你不好受”的意味，可以视作一种惩罚手段。对被施暴方来说难以承受全方位的拒绝，为了不继续体验被伤害和拒绝的痛苦，只好低头。

前文例子中的小叶也意识到自己在沟通中存在一定的不良习惯，于是她打电话给一位心理咨询师朋友，问对方：“为什么你们心理咨询中的沟通那么顺畅？来访者什么都愿意说。”她的那位咨询师朋友说：“因为积极关注和共情啊。”见小叶不是很明白，对方继续解释：“用大白话来说就是给对方积极的回应，让他觉得他的感受和想法都是被关注的，自然更愿意表达，而共情会让对方觉得你可以体会他的所思所想，且能够理解。”这通电话打完之后，小叶反思了自己的做法，此后和小黄的沟通顺畅很多，两人很少再争吵。

如果想改善自己的沟通方式，请参考以下方式：

1.阐述事实。例如，小叶觉得小黄忽略自己而指责对方："你不在乎我"，这是在批判。阐述事实是明确告知对方自己生气的原因，小叶可以换一种表达方式："小黄，我觉得我们最近联系的频率少了很多。"如果你根据实际情况说出问题所在，对方通常能够很清晰理解你生气的原因。

2.表达感受。依然是小叶和小黄的例子，小叶说了联系变少了的客观事实之后，开始表达自己的感受："这让我觉得被冷落了，不是很开心。"这种基于现实问题的表达是针对事件带给你的感受，把对方和事情剥离，好处是对方能够明白你的感受且不会觉得被攻击。

3.提出需求。小叶表达完感受，提出了需求："我能理解你很忙，那可不可以每天忙完之后打一通电话？"当我们向对方阐述事实，表达感受之后，可以明确地提出具体的需求，让对方直观地理解他应该怎么做，而不是用模糊的话语。假设小叶说的是“你多找我”，小黄根据自己的理解未必能做到她所希望的每天打一次电话，毕竟每个人对同一事物的理解未必完全一致。

4.及时反馈。当对方按照你的具体需求去做时，请及时给予正向反馈，可以是口头夸赞，也可以是送小礼物，意义在于对行为进行肯定，无形中强化了他配合的意愿。

通过对比不难看出，不良的沟通方式处处都在激起对方的防御和情绪，而非暴力的沟通方式则避免了直接攻击，温和地就事论事，效果当然更好。无论你是习惯不良沟通的那一方还是备受折磨的那一方，都可以从自我调整开始，毕竟愤怒的来源除了和未被满足的需求有关，更重要的是我们如何看待它。

4 脾气急躁怎么办

只要数一数，就能发现身边总有几个脾气急躁的人，又或者自己的脾气就不太好，容易没耐心。每次因为小事发完脾气后难免感到内疚，暗地里下决心不再轻易生气，可事到临头又无法很好地控制自己的情绪和行为。回头想想，其实多是因为些鸡毛蒜皮的事生气，但是情绪涌上来的那一刻早已把理性克制抛在脑后。人之所以会如此反复，首先是和大脑有关。

人类研究大脑多年，仍然对其一知半解，不过每次小进步都足以让我们了解自己更深，比如美国国家精神卫生研究院的神经学家保罗·麦克里恩于1970年提出的三脑理论。他认为人类在进化过程中，分别形成了网状脑系统、情绪脑系统、大脑皮层系统，由此构成大脑。网状脑又被称为原始脑或爬行动物脑，于2—3亿年前形成，对应大脑结构中的脑干，控制着最原始的心跳、呼吸，以及本能反应。例如，遇到惊吓时肢体变得僵硬等非意识反应，原始脑最为基础也最为重要，可以说是生命的防线。情绪脑也叫作古哺乳动物脑，形成于1.5—2.5亿年前，对应大脑的边缘系统，其中包括边缘皮层（扣带回、海马等）和皮层下结构（下丘脑、杏仁核等），我们的情绪直觉由它控制，简单来说就是不经理性干预的情绪反应，如听到笑话不自觉地笑出声。大脑皮层系统通常还会被称为理智脑或新哺乳动物脑，至今约有300万年历史，对应大脑新皮层，我们能够拥有认知功能、理解能力、逻辑思维和记忆力等均归功于它，人克制自身语言行为的能力与它的发育程度高度相关，通常在接近30岁的时候才会发育完全。

从字面上看三种物理脑系统之间似乎泾渭分明，但是其实它们彼此紧密相连，这也是为什么我们并不能做到时时刻刻控制情绪，完全理性。从另一个角度来说，理智脑的发展比本能脑和情绪脑要滞后很多，大脑新皮层是随着人的发育过程而发育的，从某种层面上来说，我们并非生来就懂得控制情绪，而是在后天逐渐习得如何加以平衡，因此常常能够看到年少时脾气很冲的人随着大脑新皮层的发育成熟逐渐变得和善许多。至于为什么有些人性情温和，有些人脾气急躁，除了生理基础之外，也和后天环境相关。

对人的性格造成重大影响的因素必然少不了成长环境，这里的成长环境并不是单指家庭氛围，也包括生活环境。倘若一个人的爸爸妈妈都是性情急躁的人，从小对他呼来喝去或随意打骂，他长大后也很容易成为一个脾气暴躁的人。之所以如此，除了累积的愤怒导致的外显行为之外，还因为这种方式是自幼习得的。假设某人长期生活在肮脏凌乱的居所，性格也会往急躁的方向发展，毕竟这样的环境会令人以不易察觉的方式源源不绝地产生烦闷的情绪。

张淇和父母同住，老一辈人节俭成性，东西放到过期也舍不得扔，堆满冰箱，又习惯从外面捡些看起来还能用实际用不上的东西堆在家里，导致家里越来越乱。张琪每天下班回家看到乱得几乎下不去脚的房子心里就会升起一股无名火，总想发脾气，但无论吵了多少次，父母依然不准她扔掉任何东西，似乎每件都有用。渐渐地，张琪不愿回家，能在外面待着就在外面待着，直到某天，她趁父母出门旅行之际请了一位整理师把家里好好整理了一番，看着整整齐齐的家，顿觉心情舒畅。

由此可见，生活环境整洁与否与我们的脾气好坏息息相关。除此之外，一个人养成急躁的性子也和后天经历有关。

和无忧无虑的同龄人相比，从小跟着爷爷奶奶长大的李珂始终活在拮据困窘之中。他一年到头只有两套衣服，从未买过零食，家里吃的永远都是那两道菜，平日里遭到不少嘲笑和奚落，很少有同学愿意和他做朋友。在这样的环境里长久生活着，长大后的李珂不自觉地买很多衣物和食物来补偿自己，每逢有人认为他想买的某件东西价格有点高，他都会理解为对方瞧不起自己，瞬间暴怒，和人吵起来。

脾气暴躁的人群，除了所谓的被身边人惯出来的人之外，还有很大一部分人多多少少有些自卑敏感，因为自卑，所以对很多话语敏感。如果说不自卑的人像一团肉丸子，和人相处时没有尖锐的棱角，那么自卑的人就像刺猬，浑身都是刺，对外界十分警惕惶恐，表面的暴躁更多是无意识保护内心的行为。

假如你面对一个脾气暴躁的人：

1. 请对他报以理解，展现理解的姿态，不要急着和他吵，当对方感到被理解时，情绪更容易平复。

2. 尝试去找到这种暴躁背后的“为什么”，他到底是因为觉得自尊心受挫还是有更深层的需求未被满足，凡事必有因。

3. 试着和他一起解决真正需要解决的问题。例如，一个事业失败的人每逢面对关于这方面的念叨都会大发脾气，其实是因为他无法面对自己的失败，比劝说更有用的是如何鼓励他面对。

假如你是那个脾气暴躁的人：

1. 当你下一次想要发脾气的时候，请先慢慢吸气，默数5秒再缓慢呼气，反复数次。深呼吸可以让人吸入更多空气，能够立竿见影地帮助我们在一定程度上缓解愤怒、焦虑等情绪。

2. 深呼吸后，可以握紧拳头，再缓慢松开，依然是反复数次，同时放松肩膀、背部肌肉，愤怒情绪会让肌肉本能地收紧，放松肌肉的意义在于用生理变化带动心理变化来改善情绪。

固然，包括愤怒在内的各种情绪都有其作用，但是过于频繁的愤怒情绪会削弱人的免疫能力，使人更容易生病，患上高血压、冠心病的概率更高。无论是为了健康的身体还是为了和谐的人际关系，下次你想要发火的时候不如先试着让自己放松下来，也许会发现很多事情其实根本没必要生气。

5 逃过了各种PUA，却逃不过自我PUA

PUA（Pick-up Artist，搭讪艺术家）文化源于美国，起初旨在帮助男性提高谈话技巧，以更易被接受的方式追求异性。随着发展，这套理论逐渐变味，后来更多是利用心理学技巧以迅速发生性关系以及在感情中操控对方为目的，比较常见的技巧是“推拉”，用忽冷忽热、忽好忽坏的表现促使对方情绪产生波动造成“上头”的假象，同时运用打压的方式来摧毁对方的自信心。当一个人的自尊水平被无限压低时，会认为自己一无是处，从而发自内心地认同来自打压者的评价。随着PUA这个名词为大众熟知，它被广泛用于形容各种打压行为，比如“职场PUA”。攻击他人自尊的行为在生活中随处可见，我们对来自外界的攻击很敏感，却对自我攻击非常不敏感。

当我们的攻击性受到阻碍时，它就会以向内的形式表现，也就是自我攻击。自我攻击的程度轻重不一，轻如自我否定、自我怀疑，几乎每个人都体验过，如表现不如预期的时候，受到负面评价的时候，无法完成任务的时候。这种因为挫败而自责的感受也许来自过去，也许来自当下。

林可的性格较为安静，不太擅于与人打交道，她的父母觉得这样不好，每当她表现得不够外向的时候就会对她进行指责，说几句贬低她的话。越是这样，林可越害怕和别人往来，甚至说话的时候声音都会发抖，同时对话语分外敏感，如果朋友的态度稍微冷淡，她就不自觉地开始思考对方是不是不喜欢自己了，不断纠结，但其实对方只是恰好在忙而已。

受人生早期经历影响所产生的持久自我攻击，从某种程度上来说已经变成了个体人格特质的一部分，根据英国心理动力取向心理学家费尔贝恩的人格结构理论，幼年时期我们会将抚养者分为好与坏两个客体，倘若我们得到很好的照顾，好的客体内化的程度会更深，反之坏的客体会不断内化。所谓客体即是他人，和自体相对，不断和外界接触的过程中，我们会持续从外在客体吸收认知、情感，转化为内在客体，比如林可把父母的态度和行为内化，在心里形成了伤害性的客体，在进行社交前，这个伤害性客体始终站在一旁，无形中带给她很大压力。与之并存的是被伤害的自体和强烈的负面情绪，也就是除了压力之外，林可会不自觉地把自己放在受害者的位置，抱着别人一定会对自己的言行指指点点的消极心理预期，且在每次不得不和别人打交道的时候反复唤醒过往创伤体验，重新感受那些被指责时产生的不良情绪，不良内在体验导致她对社交情境愈加回避，陷入恶性循环。而来自当下的自我攻击通常有两种情况：1.一时因为外界的人和事冲击自尊水平而怀疑自己。2.无法真正认同自己的价值，过分追求外界认同。相对来说，这种自我否定形式较为隐晦，比如某人因为种种原因认为自己很糟糕，或者现实生活中有许多难以应对的事情，转向追求事业成就或者以得到别人的赞许为目的行事，个体在行动中伴有强烈的焦虑情绪，可是一旦停下来就会被浓重的挫败感淹没。

无论哪种自我攻击，如果它远远超出基于客观事实而产生的合理的负面情绪强度，比如明明是很小的一件事，却难以停止和自己敌对，那么应该质疑的不是“我为什么会这样”而是“我在因为什么生气”。让个体对自身不满的是那些被压抑的攻击性，可以是得不到表达的愤怒，也可以是不敢面对的恨意。

我的一位朋友的父亲很早离世，母子二人相依为命。他工作很努力，外形也不错，很受异性欢迎，但每每要进入恋爱关系时就会退缩，觉得自己不应该恋爱，不断自我洗脑“我不配”。身边的朋友不理解为什么会这样，他自己同样想不明白，只觉得一天比一天抑郁，终于在某天走进了心理咨询室。接受了一段时间的心理咨询之后，隐藏在心底的对母亲的那股恨意终于浮出水面，来自妈妈的过度依赖让他觉得如果恋爱就是抛弃母亲，同时他又不愿意承担这种责任，恨妈妈为什么要这么依赖自己，不开始新生活。可是自认为是孝子的他从来都不敢面对这种想法。

当我们回避自己的感受和需求时，原本应该对外的愤怒和攻击性会调转枪头指向内部，以不同的方式进行自我攻击：

1. 心态消极：比如，某人想拥有更健康的生活方式，决定每天早起吃早餐，如果起晚了就会自责很久：为什么连这么简单的事都做不到。这种以消极的角度看待事物的习惯折射的是这个人的自我认同感很弱，受消极心态驱使的个体动力不足，往往不愿意尝试新事物。

2. 只看到自己的缺点：总是拿自己的短处和别人的长处比，为焦虑、嫉妒的情绪所困，从而降低自我评价，加深自我攻击。

3. 用过去衡量现在：每当想要做什么事情的时候，“我以前做不好，现在肯定也做不好”的想法就会跳出来，从实质上影响行为表现，再次失败又强化了这种想法。

4. 过分夸大：总会放大挑战的难度，从而认定自己做不到，倘若真的失败，就会认为早知如此，长此以往会经常性处于逃避挑战的状态。

5. 怨天怨地不怨自己：这是一种比较特别的自我攻击形态，因为不愿意承认对自己的愤怒而把矛头指向外部，责怪别人。比如，某人因为决策错误，生意失败，却每天指责妻子当家庭主妇，不能在生意上帮他才会导致今天的局面。这种自我攻击往往以无理取闹的模样浮现，个体表现得越像“受害者”，意味着内心的冲突越剧烈。

持续的自我攻击让我们像绑着两个沉重无比的沙袋一样行进于人生旅程，如何才能卸下包袱呢？

1.找到自我攻击的源头。辨别当下的自我攻击是源于过去还是来自现在，可以用不断质问的方式进行倒推。例如，我觉得我很差劲，反问自己为什么这样认为，是因为这件事吗？如果不是，那是因为什么。不断反问，总会找到真正的原因，毕竟没人比自己更清楚曾经历什么，找到原因之后请尝试面对和接纳随之而来的情绪，比如愤怒、悲伤，允许情绪流动，疗愈就此开始。

2.区分主观想象和客观事实。自我攻击的时候，注意力聚焦在细微的角度，这代表我们所认为的会被想象放大，很容易忽略客观事实。自我攻击的时候不妨暂时从臆想世界中抬头看看，现实是否真的如你所想的那般？例如，因为别人说你不好而觉得自己很差时，可以多询问其他人的看法，是大部分熟悉你的人都这样认为，还是只有那个人这么想，从而判断该观点的客观性；再回顾过往，那个人是不是一直这样看待你，还是只此一次，如果是前者，尝试分析他这种看法是否客观真实，如果是后者，可以找出导致对方出现这种想法的具体事件是什么。因为其他原因自我攻击依然可以用验证客观事实是否和自己的想法一致的方法来寻找悖论，推翻过度想象的部分。

3. 和自己的想法“辩论”。如果当下的自我攻击不是因为别人说了什么或者做了什么，而是像往常一样看似无缘无故就陷入了这种状态，可以想象脑海中有两个小人，左边的小人是正方，右边的小人是反方。正方认为我比别人差，反方列出我的优点；正方认为都是我的错，反方说出哪些是别人的错，用辩论的方式进行论证，诱导正面信念出现，替代负面信念。

如果把我们的内心比作一个圆，大大小小的受挫体验让它变得凹凸不平，凹的部分越多，自我攻击越频繁，与其放任，为何不尝试修复呢？毕竟，把最初那个混沌的圆修成清明的圆才是终极目标。

第四章

把我们困在原地的恐惧

1 不敢表达是怎么回事

有这样一类人，总是难以表达自己的真实想法和感受，也许你是其中之一，也许你的亲朋好友里有人如此。被别人明里暗里占便宜的时候，选择默默退让；对另一半有所不满的时候，选择忍气吞声；被误解冤枉的时候，没有勇气解释。面对可能出现的冲突，他们习惯像鸵鸟把头埋进沙里般逃避，用自我防御的方式回避冲突。

倘若某人每次面临冲突都先逃一步，意味着内心充满恐惧，无法很好应对也不知道该如何处理，只好跟随本能做出反应，用逃避来解决问题。这种行为风格的养成往往来自以下三个方面的因素：

1.社会因素：成长于集体主义文化的人更容易出现回避冲突的行为，所谓以和为贵。这种氛围之下，个体更关注自己的一言一行给别人留下的印象，尤为重视面子，也为面子所累，因为重视外界评价而选择压抑自身需求来满足他人。此外，受集体主义价值观影响，处于群体之中，个体会更关注自己的行为是否符合标准或者与多数人一致，倘若多数人的行为风格倾向于不与他人产生冲突，便会不自觉地遵循这一不成文的行为准则。

2. 成长经历：这是最重要的因素，也是对个体造成影响最深的部分，毕竟我们的行为习惯是后天与外部环境互动的过程中习得。生命早期和重要他人的相处模式会延续到成年后其他人际关系里，意味着和父母相处时养成的习惯无形中指导我们的行事风格。假设某人的父母属于十分严厉的类型，只允许孩子出现“好”的行为，不能有“坏”的行为，为了避免责罚，孩子会发展出爱找借口、经常撒谎的性格，实质上只是在认知水平尚且不足时用以防御的手段，背后是躲避冲突。

3. 性格特质：部分人天生的气质类型比较温和，不太容易与他人发生冲突，也不喜欢冲突。但更多害怕冲突的人是由于自尊水平较低，自我认可度不高，把价值感建立于外界评价之上，换言之，就是信奉“别人说我好，那我就好，别人说我不好，我就不好”。对他们来说，回避冲突是保护自尊的方式，没有冲突就不会受到批判。

说到底，回避冲突是在回避冲突爆发后可能面临的一切，习惯性逃避冲突场景的人通常会对冲突进行灾难化想象，把后果想象得过于严重，导致这种想法出现的原因则是在过往经历中频繁体验冲突带来的负面影响，尤其是曾经长期被单方面压制。

何焕兄妹几人由妈妈独自抚养长大，母亲不仅在工作上雷厉风行，在家里也说一不二。母亲很爱孩子们，同时也有着很强的控制欲，要求每个孩子必须完全听自己的话，几个孩子的性格乍一看都很温和友善，可是在进入婚恋关系的时候不约而同地遇到了麻烦。在亲密关系中，他们总是扮演着竭尽所能配合对方的角色，哪怕其实并不愿意也不会说出来，依然去做，越是这样越感觉被忽视，就像在原生家庭中妈妈总是忽略他们的感受一般，每段恋情均以他们难以忍受继续配合而告终。

用回避的方式“解决”冲突的群体通常具有一些共

同特征，首先是对内心边界的维护不足。想象一下，假设我们处于必须向陌生人寻求帮助的情景，会更倾向于向那些看起来更友善的人求助而不是看着很凶的人，潜意识中认为向前者求助的成功率更高。反过来，在群体之中，被欺负的对象往往是看起来比较害羞怯弱的人，从某种程度上来说，看起来“弱”的形象向外界传递的信号是边界容易被入侵，就像下棋一样，你退一步对方就会进一步，回避冲突的行为有时候是在向对方传达“我的底线比你想象中更低”的信息，导致心理空间被不断挤压。其次是不合理信念，冲突存在于各类人际关系，几乎不可能完全回避，当它能够被妥善解决的时候，意味着关系可以更好地融合，但是习惯性回避冲突的人很容易认为冲突会毁掉一段关系，或者让自己不再被对方喜欢。回避约等于压抑，假设一个人总是压抑自己的需求，为他人的感受让步，也许会得到“好相处”的评价，与之相伴的却是绵长的内耗，因为恐惧而牺牲心理健康实在是得不偿失。

倘若你恰好是那个常常回避冲突的人，请尝试按照以下方式做出调整：

1. 将自己从过往不良经验中剥离出来，调整认知。之所以会养成这样的行为风格是因为从前的体验带来的思维定式和心理惯性，但曾经的冲突场景不代表今后的每次冲突，激烈冲突的爆发从来不是单方面的原因，必然也有对方的因素，而每个人的性格和言行都是不同的。克服恐惧的第一步，是让自己相信过去不等于现在。

2. 练习表达自己的感受。表达和其他技能一样，也是熟能生巧，过去这么多年你很少表达，对它必然是生疏的。不妨选择让你最有安全感的人练习表达，清晰地说出自己的想法和感受，也许会发现别人的反应和想象中截然不同。

3. 让自己变得更自信。我们羞于表达往往是不确定那些想法和感受会不会被他人尊重和认可，也许你曾经总是被贬低，不被接纳，所以无法认可自己的价值。不妨做一些能够证明自己能力的事情，在不断突破的过程中培养对自己的信任，可以是学习新技能，也可以是坚持做某件能带来正反馈的事。

如果你在乎的人恰好是经常回避冲突的角色，请按照以下方式带着他一起面对问题：

1. 以接纳的姿态鼓励对方表达。为了回避冲突而不表达的人往往是因为在情境或关系中感到不安全，先行在心里预设立场，认为一旦说出口就会换来负面反馈，对方会不开心、生气等。请你在鼓励他们表达的同时，用行为和语言表示接纳的态度，比如把“你想怎样”改为“你希望我怎么做”“怎样会让你觉得更舒服一些”，站在他的角度去询问更容易被接受。

2. 选择更适合的沟通方式。当沟通变成情绪斗争时，他们很容易因此逃避。在沟通的过程中请尽量以不带批判、责备的方式阐述感受而不是情绪。例如，对方又忘了叫你拜托他做的事，如果你说“你怎么回事？这点事都做不好”是在发泄情绪，“你忘记做这件事，会让我觉得你是不是没有把我说的话放在心里，其实我有点生气。”则是在表达感受，最大限度地避免了冲突的可能。

冲突有时候很麻烦，但也有好的一面，不必把它想得太可怕，当作寻常事就好。

2 越怕，越成真

相信多数人在生活中都曾遇到这样的情况：有时候对某件事或者某种状况抱着担忧的心情，最后它真的发生了，甚至比想象中更糟糕，似乎验证了越怕什么越会发生什么。这种现象到底是所谓冥冥之中注定的还是和我们的内心状态以及思维有一定的关系呢？

我们之所以害怕某事发生，其中一种原因是捕捉到相关信息，这种捕捉可能是具体的线索，也可能是一种难以觉察的模糊的感觉。感知在多数时候不是凭空而来的，当我们接收到外界信号的时候，大脑会自动将其和过往经验、感受进行对比，由此产生判断。

王为在某家公司担任中层职位，主要工作内容是和客户接洽。一次和客户对接的过程中，他隐隐约约感觉到事情最后成不了，但依然努力推进，过程中客户的很多行为让他很不安，果不其然最后没有成功合作。事后，王为复盘整个过程，忽然意识到客户那些奇怪的行为其实很正常，很可能是因为自己太在意结果，总是害怕事情不顺利，所以心态影响行为，最终导致失败。

例子中王为的表现恰好是心理学中的自证预言，也被称为罗森塔尔效应。我们会根据认知来加工所获得的信息，主动调整想法和行为配合“想象中的预言”，最终实现预言，这种预言可以是积极的，也可以是消极的。例如，一个人对自己能够做成某事很有信心，他会不自觉地搜集种种可用信息，注意每个相关信号，所有行为都围绕做好这件事展开，成功的概率就会大大提高。而王为的例子则是消极自证预言的体现，他从最开始就有了这件事最后可能成不了的想法，相当于在心里埋下了一颗种子，注意力自然倾向于那些负面信号，或者歪曲解读对方正常的行为反应，加重心理负担。在这种情况下，自身的行为也会变形，譬如从原本的落落大方变得底气不足。看似是“我担心得果然没错”，实际是担心不好的结果出现，情绪因此变得紧张，做出让事情往不好的方向走的行为，于是更紧张，最后真的把事情搞砸。

另一种情况是我们所恐惧的事物真的存在问题。

赵梅总是很担心丈夫会出车祸，对方认为她想太多，她和朋友说起，也不被理解。可是，一次开车去外地的途中，丈夫真的出了车祸，赵梅开始怀疑是不是自己平时总是琢磨这件事，影响了爱人的心态。可是，她这种担忧是来自对丈夫的行车习惯的观察，每次她坐在副驾驶的时候，对方不是在打电话就是在回微信，可以说只要开车的次数够多，发生车祸并不是完全不可能的事情。

这是心理学中的墨菲定律，由美国工程师爱德华·墨菲于1949年提出。一位同事向来运气不太好，爱德华·墨菲开玩笑说："如果一件事可能搞砸，让你去做肯定会更糟糕。"这件事由此延伸为后来所说的墨菲定律，特指如果一件不好的事有发生的可能性，只要时间够长，就一定会发生。比如，经常逃课的学生迟早会遇到老师点名，自己却不在的情况。这种越怕什么越会发生什么和前一种凭空想象不同，是有现实基础的。

还有一种情况是害怕恐惧本身。害怕作为基本情绪之一，是近乎本能的情绪反应，同时也可以衍生出其他情绪，比如焦虑、烦躁等。当我们的理智让步于负面情绪时，会不断放大情绪，这时对事情的感知处于“失真”状态，也就是过度想象。

何明向来很懒，做什么事都嫌累，于是靠坑蒙拐骗过日子。最近他开始在街头摆摊卖劣质的药材，客人来问价格，只说是10块，把药材磨成粉之后才说是10块钱一克，有的人自认倒霉付了钱，但不是每个人都这样。摆摊没几天，就有位被坑的阿姨报了警，他连摊位的东西都不要了，撒腿就跑，躲了起来。东躲西藏的日子里，何明每天都过得战战兢兢的，连外卖都不敢点，只敢趁天黑出门买些食物，整夜整夜睡不着。

当个体被恐惧的情绪控制的时候，往往会选择“战斗”或“逃跑”，也就是面对或回避。如果这种情绪过重，就会像例子中的何明一样下意识选择回避，但事情不会因为我们逃避而消失，只会变得更严重，所害怕的事情成为现实的概率随着冷处理的时长增加，直到真的实现。

如何做才能尽可能地让恐惧不成真呢？

1.如果你经常遇到第一种情况，因为过于担心导致没做好，请尝试转换思维方式，关注行为而不是情绪。比如，你有些社恐，机缘巧合需要在公开场合发言，日期越来越近，总是害怕自己到时候出糗。如果这样想，到时可能真的会磕磕巴巴，但是如果把注意力从“完了，我肯定做不好”转移到“我怎样才能做好”，比如提前写好演讲稿、在家练习演讲等，越熟练就越不害怕。关注怎样做会让理智占上风，当你计划好怎样做并一步步付诸实践，在此过程中就会获得掌控感，恐惧的情绪也会消解许多。

2.如果你经常遇到第二种情况，因为一些明确的信息知道自己担心的状况肯定会出现，请放下侥幸心理，结合实际情况，做好能做的一切去避免事情发生。如果无可避免，请接纳负面情绪的出现，毕竟它只是暂时的。

3.如果你经常遇到第三种情况，过度放大现实威胁，为恐惧情绪所困，请理性分析现状。比如，你很害怕自己会突然失业，可以问问自己，为什么会害怕，是对能力没信心还是因为最近一些同事被辞退，如果是前者应该思考如何提高能力，如果是后者，那到底是常规辞退，还是公司效益不好要裁员？再结合实际，分析自己的工作表现是否有被辞退的可能。分析的过程能够让我们看清现状，分辨情况是真的如此还是情绪所致，心里有了答案之后，自然不会过度恐慌。

有时候，害怕的事情到底会不会发生，取决于我们如何看待它。

3 阻止我们做出改变的是什么

未知通常伴随着恐惧，对部分人来说这种情绪是恰到好处的激励，于另一部分人而言，行为被情绪压制，会令人止步不前。这种情况归根结底是对不确定性的恐惧，与其做错决定，不如不做决定，从而用拖延、不愿承诺、不愿负责等行为加以逃避。可以说，因为害怕出错而拖延逃避的人群内心或多或少存在安全感不足的情况，将内在的负面体验和感受投射到外界，境随心转，无形中为未知变化加上了一层可怖的滤镜。

这种不安全感是对做出改变后可能面临的结果的过度想象，想象的基础源于过往经历，比较常见的情况是以下四种：

王奇是家中的老来子，备受宠爱，就连上大学家人也要在学校附近租房子，方便照顾他的饮食起居，偶尔家人不在，他宁愿饿着也不吃。毕业工作后，王奇的父母时不时去他工作的单位看看，顺便和直属领导唠家常，想让对方多照顾自家孩子。时间长了，旁人开始有意见，加上王奇工作能力跟不上，最后他被辞退了。从那之后，他就在家打游戏，等父母帮自己联系工作，联系上了就去面试，无奈每份工作都做不长，只好再等父母安排下一份工作。

倘若一个人从小到大面临选择时总是由他人代劳，小到穿什么衣服，大到报什么专业，做什么工作，会形成依赖他人做决定的习惯，独立选择时总会犹豫不决。其原因一是对做决定不熟悉，当我们对某种行为很陌生的时候，做之前难免会内心忐忑；二是自主决定意味着承担责任，习惯了别人替自己做决定也就习惯了由别人担责。这时，逃避未知事物是由于害怕自己无法肩负起相应的责任，也不愿意去负责。

林佳从来都是乖乖女，在家和在公司都很听话。但是从事文字工作的她在工作时总会反复遇到同一个问题，那就是必须近乎强迫地反复检查无数次，导致常常错过上交期限。原来，从小在学习方面她就被父母严格要求，假设满分为百分制，作业和考试不论哪个科目都必须达到九十分以上，少一分就要写一百遍“我要考满分”外加罚站，这样的成长经历让林佳养成了不敢犯任何错误的性格。

如果说第一种情况是被过度照顾、被溺爱的结果，第二种情况则属于被过度要求。成长过程中的惩罚过多过重，让人形成了犯错的后果非常严重的认知，相比挑战自我或尝试新事物，避免出错高于一切。这种恐惧更像路径依赖，或者说形成了思维定式，因为犯错的那个自己从未被接纳，于是自己也不接纳自己，如果个体无法接纳自身的某一面，就会尽力隐藏压制，换言之，因为害怕可能面临的惩罚而不允许自己犯错，于是拒绝做出任何可能导致错误的行为。

第三种情况在亲密关系中比较常见，你我身边难免会有一两个俗称“恋爱脑”的人，明眼人都能看出来他或她正身处一段有毒的亲密关系之中，奈何他们无论被如何糟糕地对待，都不肯离开，或者说不敢离开。也许从他们口中说出的是“舍不得”“他也有好的时候”，实际上是需要一段关系带来的稳定和安全感，哪怕在这段关系中自己经常被伤害。这种情况在焦虑型依恋的人群身上很常见，表面的“恋爱脑”背后是对被抛弃的恐惧，与需求感合理的安全型依恋以及需求感偏低的回避型依恋相比，焦虑型依恋受恐慌推动，需要高频确认自己和他人之间的连接是否牢固。他们在年幼时经常体会情感忽视或者有过类似被抛弃的经历，由此出现原生情绪——恐惧，也就是巨大的不安全感，进而衍生出焦虑等次生情绪进行自我保护。成年后在亲密关系中，如果他们认为自己被忽略或不被在乎，就会近乎本能地产生焦虑或愤怒情绪，但同时又很难离开一段关系，因为焦虑和愤怒反复出现的情形对他们来说是最熟悉的，某种程度上意味着另一种特殊的安全感。

最后一种情况是消极完美主义。和较为常见的追求完美的完美主义不同，消极完美主义更倾向于害怕不完美。因为过度在意他人的评价，消极完美主义者的外在表现通常会呈现过度规划的特点，总是觉得尚未准备完善，迟迟不肯开始，付诸行动前在心里预设完美的结果，假设难以达到，可能就会放弃计划，什么也不做。这种因为自我认可度不高而过度在意外界评价的群体，往往具有消极的镜像自我。镜像自我由他人实际评价（别人实际上如何看待我）、反思自我评价（我认为别人是如何看待我的）、自我评价（我如何看待我）构成，其中核心部分是反思自我评价。消极完美主义者的害怕不完美源于反思自我评价和自我评价双低，“为了避免不完美带来的负面评价不如什么都不做”的背后是对不被认可的恐惧。

不愿做出改变是因为害怕，那么，怎么做才可以缓解恐惧呢？

1.如果是因为不愿或不敢承担责任而回避做决定，请尝试从小事做起，比如按照自己的心意更换家具或独自旅行，在重获掌控权的同时会增加对生活的控制感。当我们认为自己能够控制现状的时候，就不那么容易害怕。

2.如果出于害怕犯错而故步自封，请暂时把那个警告你不能出错的内在声音放在一旁，带着恐惧踏出第一步。假如没犯错，会对自己更有信心，假如犯错了，通常后果远没有想象般严重，认识到现实和想象的差距会让你更有勇气去“犯错”。

3. 如果深植潜意识的对被抛弃的恐惧让你无力摆脱不良关系，请提醒自己，你所认为的离不开只是因为由来已久的重复体验带来的熟悉感而已，在不良关系中越陷越深只会让你在焦虑型依恋的旋涡中苦苦挣扎，离开不良关系才有可能获得疗愈的机会。同时，请训练自己的延迟满足能力，如对方半小时不回消息，你感到焦虑，但不要被情绪控制，告诉自己焦虑不是因为对方回复慢，而是曾经的恐惧被勾起，把现在和过去分开，把注意力从当下回到过往，就不会那么焦虑。此外可以和伴侣讨论你对被忽视有一定的恐惧，对方出于体谅往往会做出一定程度的改变，而你焦虑的频率和程度也会随着安全感的提升而降低。

4. 如果你总是太在意别人的评价，只做有可能完美的事情，请尝试接纳自我。这种认知更多是由内而外的投射，你对自己苛刻于是认为别人也是如此苛刻。可以练习用积极赞赏的态度去看待自己，并不是说要盲目自信，而是发自内心地认可自己，相信你总能在自己身上找到一些优点，对于缺点也不要过于在意，它们没那么好，也没那么差。对自己的态度从苛责转为欣赏，心态自然也就从受害者转为拯救者，逐渐不再害怕不完美。不妨从转变评价用词的习惯开始，比如你再一次认为自己不够好时，请试着把“我就是不够好”的自我评价改为“我可能还不够完美”，从确定性的语言变成更具开放性的话语，带给人的感受不再是指责，而是更客观的评价。

克服内心恐惧，改变就不再可怕，未知也可以很美好。

4 回避也许只是因为害怕

近几年，关于依恋风格的讨论越来越多，其中颇受瞩目的是回避型依恋，在亲密关系中，这种类型的恋人难免会有让人不知道如何是好的时刻。随着关系的亲密化，他们会做出一些在对方看来忽冷忽热、不够上心的行为，令人搞不清楚到底是性格如此还是另有原因。

回避型依恋和回避型人格障碍虽然会有极少部分重合表现，但二者完全不同。后者自幼年或童年起就表现出对陌生人以及陌生环境的恐惧，伴随着容易退缩等性格特质，这种全面的社交抑制背后是过低的自尊水平和过度敏感，让个体在成年后难以适应需要社交的工作，也无法很好地处理各类人际关系。《精神障碍诊断和统计手册》第五版（DSM–5）对回避型人格障碍的诊断标准共有以下7条：

1. 害怕受到批评、否定和排斥而回避需要较多人际接触的职业活动。

2. 在确定会受到对方喜欢之前，不愿与他人打交道。

3. 因为害羞往往在亲密关系中表现拘谨。

4. 在社交场合会有被拒绝或批评的先占观念。

5. 面对新的人际关系总是因为能力不足感抑制表现。

6. 自认为在社交方面表现笨拙，缺乏吸引力，低人一等。

7. 因为对可能面临的窘境的恐惧，很不愿意参加新活动。

从理论上来说，只需满足其中4条，就有可能是回避型人格障碍，不过我依然不建议在缺乏专业诊断的情况下自行对号入座。回避型人格障碍的形成和生理基础、遗传因素、后天性格经历相关，而回避型依恋的形成多是后天因素，主要是因为原生家庭。根据依恋理论的提出者英国发展心理学家约翰·鲍比展开的一系列“母亲剥夺”实验研究，个体在人生早期频繁更换抚养者会对人格发展产生不良影响，后续玛丽·爱因斯沃斯等心理学家的研究表明，儿童在0—3岁这一与母亲建立依恋关系的重要时期如果经常被忽视，需求得不到满足以致安全感缺失，部分儿童会形成回避型依恋，并将这种依恋风格带入成年后的亲密关系之中。依恋风格不是一成不变的，也不止一种，除了低焦虑、低回避的安全型，高焦虑、低回避的焦虑型，还有低焦虑、高回避的回避型和高焦虑、高回避的恐惧型。

回避型和恐惧型都属于高回避，但是略有不同。前者在情感方面更淡漠，或者说情感需求比较低，后者实际上具有高情感需求，却习惯性压抑自身对情感的渴望。两者的成因也存在一定的差异。回避型依恋风格的群体往往受到的情感忽视比较多，或者父母在个体幼年时期出于种种原因极少陪伴在身边，就像有的人从小独处惯了，社交需求往往不会很强烈。恐惧型依恋风格的群体相对来说经历过更明显的创伤，譬如成长于争吵或冷战频繁的家庭环境或曾经历严重的情感伤害。两种类型都具有没安全感、内心敏感、难以表达自我感受、对生理及心理空间需求较大等性格特点。

他们在亲密关系中那些看起来很“奇怪”的行为表现和性格特质高度相关。回避型或者恐惧型在感情中往往会有如下表现：

1. 难以体会对方的情感需求，因此他们很难提供必要的陪伴和关心，会让对方产生不被在乎的感受，尤其是在关系中一方是高回避，另一方是低回避、高焦虑的情况下。焦虑型和回避型或恐惧型在一起，总是呈现“一人追，一人逃”的状况。

2. 无预兆的忽冷忽热。受高回避的依恋风格影响，他们在关系深入之后，一改初期的好相处，高频出现忽冷忽热的状态，对方经常会遇到明明昨天聊得很好，今天忽然不回复或很冷淡的情况。这是由于过分亲密会触发他们的防御机制，会让他们不自觉地拉开与对方的距离。

3. 回避冲突。从某种程度上来说，回避冲突也是在回避沟通，回避型或恐惧型缺乏应对和处理冲突的勇气和经验，每当亲密关系出现矛盾时，他们很容易下意识地逃避问题，拒绝沟通。

4. 不愿意表达。他们对亲密关系的看法偏向于消极，又因为人生早期频繁体验需求不被满足，很难说出自己的真实想法和需求。换言之，对方难以知晓他们到底想要什么、不想要什么。相处始终浮于表面，无法深入。

说实话，遇到这样的另一半，情感体验确实不是很好。但是正如前文所写，依恋风格不是终生不变的，可以在一定程度上进行调整。对于回避型或恐惧型依恋的人而言：

1. 不敢表达的本质是害怕被拒绝、被忽视，而这种恐惧是由于内心深处认为得不到。多认可自己，不再只依赖外界反馈来评价自己，自尊水平提高后会更有勇气去表达。

2. 分清“我想如何做”和“我习惯了如何做”。很多反应和行为只是出于多年的惯性，有可能和你的真实想法完全相反。在做出举动前，不妨停下来想一想，我是否真的想这么做。

3. 尝试与他人建立真正的连接。那些受潜意识驱动的回避行为是来自过往的创伤，“一朝被蛇咬，十年怕井绳”，可以理解，但是既然需要真实的亲密与情感，不如克服本能的恐惧，在想要逃避的时候让自己试着去接触，体验被接纳的感觉，会发现从前只是被想象的种种吓到了而已。

如果你恰好爱上了回避型或者恐惧型依恋的人，请尽量理解对方，让情绪保持在相对平稳的范围，毕竟他/她很容易让对方变得十分焦虑。同时降低自己的情感需求，尽可能地接纳对方波动的状态。当他/她感受到真正的安全时，这段感情会往更良性的方向发展。倘若和他/她在一起真的让你非常痛苦，选择离开也许会更好。

5 为什么总是担心自己能力不足

要求一个人评价自身能力，最常见的情况有两种，其一是过分高估，其二是过分低估。之所以写这篇文章是因为某天我和朋友聊天，她说："我对自己的能力有种恐慌，别看我天天上班，但是总觉得自己什么都不会，在工作中老是有一种找不到方法的感觉，学习工作技能的速度跟不上工作需求和进度，不知道该怎么办好。"实际上，她在工作中表现很好，完成质量高，受到同事和上级的认可。类似现象似乎很常见，我遇见过很多抱有这种心态的人，也曾遇到不少与之相反的人。

习惯性高估自己能力的人外在表现通常很自信，有时候甚至显得有些盲目自信，这种无法客观评价自我和他人的能力，过分高估自身能力的认知偏差是心理学中的邓宁－克鲁格效应。1995年，一位没有进行任何伪装的男人抢劫了位于匹兹堡的两家银行，离开时甚至对着摄像头微笑，被捕后他一头雾水：明明在脸上涂抹了果汁，为什么还会被警方辨认出来？这桩新闻传到康奈尔大学心理学家大卫·邓宁耳中，随后他和自己的研究生贾斯廷·克鲁格对这一现象展开研究并围绕阅读、驾驶、运动等多项技能进行实验，实验结果表明，能力排名越低的实验对象出现认知偏差的可能性越高，高估自己的实际能力，相反，能力排名越高的实验对象越容易低估自己。由此，他们得出结论：

1. 能力差的人往往会高估自己的能力。

2. 能力差的人无法客观认识他人的能力水平。

3. 能力差的人很难认识到自己的不足。

4. 能力差的人在能力提高后，可以认识到曾经的能力不足。

这也是为什么在同一领域，初入门者往往自信心高涨，认为自己很厉害，随着不断深入，反而开始自我怀疑，怀疑自己是否真的具备相应的能力。倘若在这一阶段没有放弃，相关知识和经验的累积会让自信心在能力提升的时候缓慢回升，能够更客观地判断自己和他人的真实能力。

梁杰喜欢踢足球，他加入了一支业余足球队，有空就会踢上几场，遇到球赛更是一场不落地追着看。他和队友们每每提到中国男足总是义愤填膺，觉得自己上场踢表现不会比男足差，直到某天和市队踢了一场球，这种调侃再也没有了。平时在业余球队圈里表现还不错让他们很有信心，但和从小接受训练的专业球员踢球，无论速度还是技术都跟不上，最后大比分落败。这时梁杰不禁感叹："专业的果然不一样。"

那么，过分低估自身能力的群体又是怎么回事呢？除了能够客观判断自己和他人的能力，明晰眼下水平和心目中的优秀水平之间的差距这一因素之外，主要是因为消极心理暗示和错误归因。

心理暗示分为他人暗示和自我暗示，所谓他人暗示就是我们接收的来自外界的看法、情绪、评价等，个体在不知不觉中部分或全部接受并内化，自我暗示则是在显意识层面不断重复某种想法或观念，进而改变潜意识。

譬如，你在意的人、上级或权威人士常常在工作上挑你的毛病，说你这不好那不好，次数多了，你可能会倾向于相信这类评价，开始怀疑自己的能力是否不足，恰好某次做得真的不好，“他们说的不是没有道理”的想法就冒出来了，这一过程中从接受他人暗示转为自我暗示，消极暗示的频率越高，对自身能力的评价就越低。另一种情况是从小经常被家人或师长用贬低性语言进行评价，多次心理暗示后形成了过分消极的自我认知，自我评价偏低，这也是个体容易进行错误归因的重要原因。

普通人很容易出现的一个行为是把成功归因为自己能力强，把失败归因为外界因素，这在一定程度上有利于保护自尊水平，但是原本自我评价就低的群体很容易把失败内归因，出现错误的时候往往忽略外部影响，认为是自己的问题，更有甚者，会把单一事件的失误扩大为对自己的全盘否定，比如在工作上出现小失误时，不认为那只是一时疏忽，而是觉得自己什么都做不好。

过分高估自己或是过分低估自己都和元认知有关，元认知即对认知进行认知的过程，它决定了我们面对不同情境和任务时采取何种策略，有巨大的个体差异。接到一项新的工作任务，思考如何完成是认知活动，让自己集中精力应对该任务则是元认知活动。比如，上级忽然提出几条新要求让你感到压力很大，你针对该情况调整自己的心理状态，是元认知的监控和调节功能在发挥作用。对高估自身能力的群体而言，他们的认知是自己的能力很强，相应地，通过元认知选择的策略会倾向于挑战新难度，体现在行为上就是尝试去做超出能力范围的事情；而低估自身能力的群体，相对来说策略会更保守，面临选择或新任务时总是担心能力不足，实际仍在其能力范围内。

低估自己的能力在旁人看来是谦虚的表现，或许会受到赞美，却让我们在机遇来临的时候因为犹豫不决而实实在在地错失一些机会，就此错过升职加薪或者更好的未来。如果你恰好经常低估自己，不妨试着按照以下技巧进行练习：

1. 进行积极心理暗示。都说群众的眼睛是雪亮的，既然你能够胜任当前的工作，做得还不赖，客观来说你的能力是与之匹配的。每完成一项任务，请用“我真棒，又做好了一件事”等正面评价进行自我夸奖，形成积极的心理暗示，久而久之认同了这一评价，怀疑自身能力的想法出现的频率就会降低很多。

2. 纠正归因偏差。就算有时候工作做得不是那么尽善尽美，也会有受挫的时候，也不要把它等同于整体能力。比如，你接到了关于某次工作表现的投诉，只说明那一次工作没做好，不代表你其他工作也没做好，更不是说你无法胜任工作。把两者区分开，才不会让一次失误影响后续工作，就像运动员在比赛时失误，如不能及时调整心态，之后会接连失误，及时调整心态反而能使表现更稳定。

3. 多关注正反馈。做出结果后希望得到赞许是人之常情，有时候我们质疑自己的能力是因为得到的正反馈太少，无法很好地进行判断，有时候却是因为忽略了正反馈，过于关注负反馈。许多人习惯把负面评价记很久，甚至不断放大，对正面评价却没那么当真，认为别人只是说说而已。需要做的是反过来，负面评价如果是客观真实的，那么有则改之，正面评价请你相信自己，最好“全盘接受”，不知不觉中提高对自身能力的认可度。

担心自己的能力不足，也许是通过客观评估得出的判断，也许只是另一种不够客观的低估。无论如何，勇于尝试才能更好地验证，结果会告诉你答案。

第五章

难以摆脱的内疚感

1 被制造出来的内疚

有些我们以为自发的想法其实是来自他人的灌输，情绪也同样可以被诱导，虽然很多时候难以察觉，但我们多多少少经历过被诱导，也诱导过别人，用到这个词通常是指负面情绪诱导，如愧疚诱导。越亲密的关系之中这种现象越高发，毕竟相对来说更容易成功实施。

曾经有一名读小学六年级的女生，她的爸爸妈妈总是向她发泄情绪，经常说如果不是因为她早就离婚了。她为此感到很痛苦，向我求助，我说："那些情绪应该由你的爸爸妈妈来负责，而不是转移到你这里让你来背，分清他们的情绪和你自己的情绪，把两种情绪从心里隔离开。"

"如果不是因为你我们早就离婚了。"

“我辛辛苦苦赚钱是为了谁？”

“反正你这么忙，我真有什么事打给你也没用。”

“孩子在哭，你就知道打游戏，除了打游戏你还会干什么？我当初就不应该嫁给你！”

我想，很多人听过或者说过类似的话语。当我们如此表达时，内心隐含着愤怒和不满，有些人表达愤怒的方式是摔打东西，有些人选择用吵闹动手的形式，还有些人选择用能够激发负罪感的话语意图挑起对方的内疚，期待被隐晦攻击的一方能够因为想要弥补的心理做出行动，无形之中实施了愧疚诱导。

愧疚诱导是指在一段关系中通过语言或者行为令对方感到内疚以服从自己，无论对方是否真的错了。比如，家长对孩子说“如果不是因为你我早就和你爸/妈离了”客观来看，即便离婚也不是因为孩子做错了什么，恐怕家长内心深处同样认为孩子不应该为此负责却依然这么说，是因为愧疚诱导者正有意无意地想要被诱导者认同“我错了”。哪怕愧疚诱导者未必能够觉察自己想要的究竟是什么，被诱导者却因为这种被制造出来的内疚下意识地调整行为，就像孩子出于压力和恐惧变得更听话，更小心翼翼。诚然，适度的内疚感能够让人们做出更多亲和行为，表现为更关注对方的需求和情绪并设法满足。过度的内疚则会让被诱导者出现自我怀疑甚至自我攻击的情况，最终很容易走向两个极端：1.因为长期处于这种状态导致性格发生改变，和从前相比，更容易紧张、自卑，习惯性地讨好他人，甚至罹患抑郁症、焦虑症等；2.无法承受被制造出来的情绪压力，选择以冷漠的方式被动攻击，甚至彻底逃离。

利用内疚感来操纵对方的行为不仅存在于亲子关系中，还会在情感关系乃至各类人际关系中出现，通常会以这样的形式表现：

1.以较为激烈的口吻进行愧疚诱导。“如果不是你，我不至于……”这种责备的语气暗含着希望对方为自己的处境负责的意思。

2.向对方展现或夸大自己的痛苦。以较为直接的方式表现出自己因为他的行为有多痛苦，比如对方每次要单独出门和友人聚会的时候，愧疚诱导者就开始落泪或者佯装身体不舒服，试图让被诱导者减少出门次数。较为婉转的方式则是刻意放大对方的行为对自己造成的伤害，比如某次吵架时对方音量很大，愧疚诱导者在事后长期、反复提及自己当时有多害怕，以致被诱导者不敢再大声说话。

3.用“欲拒还迎”的方式来制造内疚。这种形式在不那么亲密的关系中也会高频出现。比如，某人弄坏了愧疚诱导者的某件寻常物品，道歉之后，愧疚诱导者嘴上说着没关系，但表现出对这件物品的高度喜欢或者诉说其得来不易，从而加深对方的内疚。

4.拒绝一切形式的补偿。从心理学的角度来说，当我们产生内疚的情绪，如果能够有机会弥补，情绪就会得到缓解；倘若无法补偿，我们的内心就会受到一定程度的创伤。愧疚诱导者可以说是用“你伤害了我，无论怎么做我都不会满意”的表现来切断补偿路径“吊着”被诱导者，导致后者不断尝试做出补偿行为，却始终看不到弥补的可能。

在讨论如何摆脱愧疚诱导之前，我想先谈一谈为什么有些人会习惯性地利用愧疚来诱导对方。最核心的原因当然是和成长经历有关，也许在人生早期，愧疚诱导者所接触的重要他人，如父母、抚养者等擅长使用愧疚诱导，于是他们在无形之中习得这种模式。又或者在成长过程中频繁体会被遗弃感，包括从小缺乏父母陪伴、频繁被动更换居住地等。回溯他们的依恋模式会发现，他们大多属于焦虑型，做出种种愧疚诱导行为本质是因为缺乏安全感而对外界缺乏足够的信任。最重要的是他们始终没有完成情绪分化的课题，总是不自觉地期待别人为自己的情绪负责，就像小孩子用哭闹的方式向家长索取自己想要的东西。长期相处之后，被诱导者往往会形成自动化反应，从心理学的角度来看，既是无意识的高效心理加工过程，也是一种防御机制。

赵琳和张晓杰在一起两年了。恋爱伊始，每逢有异性联系赵琳，张晓杰都会沉下脸，默不作声，直到女朋友过来哄他。时间长了，为了避免出现这种情况，赵琳几乎切断了和所有异性朋友的正常来往。

例子中赵琳的表现正是自动化反应，只要出现相似情形，被诱导者就会无意识地做出同样的行为，因此愧疚诱导才得以反复实施。

那么，我们该如何打破自动化反应来摆脱这种被人为制造的内疚呢？

1. 觉察。如果你感觉到对方尝试进行愧疚诱导，可以温柔而坚定地告诉对方暂时等待一下，然后离开，可以选择进入一间房间，也可以选择出门。用独处空间来换取心理空间，再从旁观者的角度来思考自己的内疚程度是否和对方的“指控”成正比。

2. 识别对方的评价。在实施愧疚诱导的过程中，诱导者往往会语带贬义，向对方进行负面评价，如果被诱导者认同这种评价，会渐渐变得不自信并怀疑自己。为了避免上述情况，被诱导者需要提醒自己对方的评价只是情绪性评价，不是基于客观事实。

3. 情绪分离。客观评估自己的行为是否真的直接或间接伤害到对方，如果答案为否，请尝试辨别哪些感受是对方的情绪，哪些是自己的情绪，分辨清楚后，只负责应该由你负责的部分。

4. 改变沟通方式。愧疚诱导本质上是一种攻击行为，如果我们选择反击，会激发双方更多的情绪，就像一个人打了别人，对方会马上打回来，两个人很快扭打在一起。更有效的沟通模式是先表达理解，再明晰原则，找到双方都能接受的解决办法。比如，你的另一半很不喜欢你经常和朋友聚会，可以告诉他/她，你理解这种不安全感和被冷落的感觉，可是固定频率的社交对你来说是很重要的放松方式，不妨一起去或者答应对方在几点之前回家，并带回他/她喜欢吃的东西。

皮影戏需要有人在背后牵着线才能上演，但我们是活生生的人，不应该被操纵。感到内疚是出于爱和珍惜而不是迫不得已，如果有人尝试悄悄地给你绑上一根线，阻止对方就是对自己负责。

2 不必为常常感到内疚而羞愧

还记得很久之前，电视上常播放一则公益广告：一个小男孩无意中看到妈妈给姥姥洗脚，某天妈妈下班，他端着洗脚水，说："妈妈洗脚"，画外音传入"其实父母是孩子最好的老师"。这是令人印象深刻的成功广告。除了公益广告之外，很多商业广告也围绕着亲情或其他情感做文章，其原理是利用场景或台词引发共鸣来推广商品，其中运用了由心理学家霍夫曼提出的虚拟内疚理论。所谓虚拟，也就是个体并没有做出实质伤害到对方的行为，但认为对方所受到的伤害是因自己而起，或者对方之所以会处于当下的境况是自己所致。这种内疚感的唤起在其他领域同样高频出现。

母亲老了，

扶墙走路，

已踏不出脚步声。

这是仅有小学文化的打工青年毛小军于生前写下的诗句，不加修饰的三句话让读者在阅读的时候瞬间想起自己的亲人，也许是父母，也许是祖辈，同时心里产生了些许愧疚，毕竟他们老得很快，我们对他们的陪伴却很少。之所以会出现这种感受，是虚拟内疚中的关系性内疚被唤醒。关系性内疚通常出现在关系亲密的人之间，它的触发往往源于过往相处中的互动经验，接触程度越深，我们越能够清楚地认识到自己的行为会给对方带来怎样的感受。例如，长期在外的人和父母说准备回家几天，临行前有事取消安排而产生的内疚感来自心知肚明父母会因此感到失落。这种内疚感只会出现在做出行为的一方，促使个体对行为接收方做出带有补偿性质的言行。

虚拟内疚中的另外三种内疚包括责任性内疚、发展性内疚和幸存性内疚。

责任性内疚是指个体认为自己应为某事负责。

林奇和周兴既是同事也是好友，两个人同在一家大型钢铁厂工作，日常值班安排是三班倒。某天，周兴因家里有事和林奇换班。林奇在去上夜班的路上出了意外，不幸离世，周兴为此深感愧疚，认为如果不是自己提出换班，好朋友就不会出事。

发展性内疚是指个体为自己的成就远超亲近的人而感到内疚。

从小一起长大的张钦和佟元人到中年的境遇截然不同，前者原本出生于富裕的家庭，年少时总是照顾后者，接班家中企业后因不善管理经营，散尽家财。贫苦出身的佟元却靠着灵活的头脑和敢闯敢干的个性创立了大型企业，再看少时接济过自己的张钦被现实折磨得毫无斗志，决定出钱帮他重新建立事业并把他的子女送到国外读书。

幸存性内疚常见于事件幸存者的群体，我曾在某期纪录片中看到这样一个案例：

当事人来自同一家族，弟弟把两个正放暑假的孩子送到姐姐家，和姐姐家的独生子一起玩。恰好某天家里没有大人在，房屋倒塌，三个孩子一死一重伤一轻伤，弟弟家的其中一个孩子必须接受截肢手术，姐姐家的独子不幸遇难。唯一轻伤的那个孩子恢复意识之后拒绝说话，默默掉眼泪，事情过去很久了，才和家长说起觉得对不起截肢的妹妹和死去的哥哥。

以上四种内疚，最为常见的是关系性内疚，普遍存在于各类人际关系之中。曾经我在和朋友聊天的时候看着远处放空，她忽然问："是不是我说错什么了？为什么不高兴？"更多人在关系中被触发关系性内疚时不会像她那样直接问，而是自行揣测判断，随后做出行为。例如，身处一段感情中的人，看到对方的话语忽然变少，态度有些不冷不热，就开始猜测是否自己说了什么或是做了什么让对方不开心了，实际上，别人可能只是因为最近工作太忙想要更多个人空间。其实，无论是虚拟内疚中的哪一种，指责对象都是自身，或者是"我"有过类似体验；或者是认为因为"我"才会如此；又或者如果“我”不怎么做就不会这样。种种内心感受和虚拟内疚的发生机制相关，当某人某事让个体产生移情性悲伤，个体就会倾向于责怪自己，也就是认知归因中的内归因，因为自责引发内疚，继而以不同形式做出补偿。霍夫曼将移情性悲伤划分为以下四个发展阶段：

1. 普遍性移情。存在于12月龄内的婴幼儿，这个年龄段还处于全能自恋时期，也就是认为世界围着自己转，无法很好地区分你我他，尽管语言能力尚未得到良好发展，但依然能够感知他人情绪的变化。普遍性移情比较常见的例子是几个幼儿聚在一起，其中一个哭了，另外几个很容易跟着一起哭。

2. 自我中心移情。见于2岁左右的幼儿。这个阶段的孩子能够分辨自我和他人，但尚未能准确理解别人行为中的含义。面对他人的悲伤和痛苦，虽然不明白为什么，但依然可以做出一些安慰的举动。例如，母亲在哭泣，孩子过去抱抱或帮忙擦拭眼泪，但不知道妈妈为什么哭。

3. 对他人情感的移情。大约发生在3岁的孩童身上，随着语言能力的发展，他们能够更好地理解他人的需求和感受，感同身受的能力得到提高的同时表达能力也有所提升。例如，一位小朋友看到别的小朋友被欺负，为此感到难过和不公。

4. 对他人状况的移情。从童年后期开始发展，通过进入校园学习获得更丰富的体验后，儿童的认知水平得到提高，能够更全面地看待问题，意味着懂得体会他人的处境。不妨用我小时候的经历来举例子：某次，我和表妹坐着喝饮料，一个年龄和我们年龄差不多的小女孩直勾勾地看着我们手中的饮品，就这样看了很久，她终于鼓起勇气和身旁的爷爷说自己也想喝饮料，老人以太贵为由拒绝，那时候的我忽然觉得很难过，这件事也记了很久。

由此可见，虚拟内疚与生俱来，尤其对他人的情感和状况移情的能力，道德水平的发展与之息息相关。公正道德取向和关怀道德取向越强，意味着我们越具有细腻的共情能力去理解别人，从而做出相应的友善举动。

也许你很容易因为大大小小的事情而感到难过内疚，不必责怪自己玻璃心，那只是你善良内心的外显行为。

3 不要再觉得事事都是自己的错

适度反思固然有好处，但倘若你有过度反省的习惯，也许需要注意自己是否落入了消极内归因的陷阱。所谓内归因和外归因，简单来说，同样是遇到不好的事情，前者认为是自身的问题，后者认为是外界的问题。归因思维最早由美籍德裔心理学家海德于20世纪20年代提出，旨在通过观察个体的行为推论背后的原因及因果关系，后来成为社会心理学领域的热门研究方向。随着研究的深入，归因主要分为以下三个维度：

1. 个人归因和情境归因。前者指向个人内部的品质和特征，后者指向外部的环境因素。例如，某个人做成了一件事，认为是自己能力强（个人归因），倘若失败了，不觉得是自身能力不足，反而认为是其他人不够配合（情境归因）。

2. 稳定归因和不稳定归因。归因理论中的稳定性是指状态的可持续性，比如个人能力和任务的难度属于稳定归因，不稳定归因则包含了努力程度、身心状态、外界环境和运气等。

3. 可控性归因和不可控性归因。衡量可控性的指标为个体能否在控制范围内凭借自身的行为对其造成影响。例如，某人参加大型比赛，唯一能控制的部分就是多加练习，调整好状态，最后结果则不受控制。

总的来说，无论哪种性质的归因，都包含内归因、外归因和综合归因，“做好了认为是自己的功劳，搞砸了就是别人的过错”这种外归因本质上是基于保护自尊水平的防御方式，是极其常见的心理反应。可是，我更想通过这篇文章来讨论不那么常见的过度消极内归因是怎么一回事。如果让身边人进行评价，有一类人得到的评价往往是“很老实，几乎不会与人起冲突”。其实年幼时我们对归因方式很陌生，习惯外归因也好，内归因也罢，都是被长期驯化而成的。反过来说，他们之所以会养成这种习惯，与成长过程中受到的教导息息相关。比如，小时候被欺负了，回家找家长，父母不仅不给予安慰反而会说：“为什么别人只欺负你，是不是你做得不对，好好反省”；长大了工作不顺，吐槽之后得到的反馈是：“为什么领导特别针对你，肯定是你哪里做得不够好”。类似论调长期充斥着他们的生活，这种话语往往带着浓重的偏颇特质，忽略了个体的感受，早早把被指责的人框定为有错的一方，当一个人尚未具有稳定成熟的辨别是非的能力时，反复体验表达被限制，渐渐会产生自我怀疑，逐步认同自己的感受是不重要的，久而久之很容易养成遇事先思考是不是自己错了的惯性。

倘若一个人已经养成了消极内归因的习惯，性格中由此而来的特质也会反过来加深这种习性，比如对外界的变化非常敏感，不管是工作、学习、人际关系，每当遇到不顺或者出现问题，他们都会下意识地认为是自己的原因，即便旁人都认为与他无关。这类人群的自我评价和自尊水平本就偏低，可以理解为对自己的整体看法偏负面，事事自我检讨又会进一步削弱自我认同感，他们由衷地认为“我果然是错的，不然怎么会这样呢”，从而形成闭环。

阿皮是一位在外人看来很优秀的女生，而且她确实很优秀，名校毕业，工作很好，为人乐观幽默，可是人后的她总是睡不好，常常会哭。同样是面对控制欲强的老板，其他同事只是觉得工作起来很不舒服，阿皮却总觉得内疚，内疚的原因在他人看来都是很小的事，比如她几乎不敢请假，只因为如果请假老板就会流露出失望的表情，会让她觉得自己有请假的想法是错的。与此同时，阿皮在和朋友或家人的相处之中也时常会有同样的感受，于是在心里设置了无数的“我应该”。长期把自己逼得太狠的后果是养成了依靠暴食缓解压力的习惯。

通过阿皮的例子，我们可以轻易看出她非常容易感到内疚，哪怕自己的行为是合理无错的。这也是很多习惯性消极内归因的人的“通病”，皆因长久以来养成的“只要做得更好就能够避免很多不好的反馈，但凡有不良反馈就是我做得不够好”的认知。过度消极内归因的背后是过度自我苛责。怎么做才能改善这种情况呢？

1. 停止盲目认错。哪怕没说出口，具有消极内归因思维模式的人总是盲目地认为自己做错了什么而感到内疚，比如阿皮觉得惭愧是因为想要请假时老板的表情看起来很失望。在被内疚情绪淹没之前，问自己几个问题：（1）我的行为是否在合理范围内？（2）我的行为是否实质伤害了对方？（3）我是否有对此负责的必要？依然拿阿皮作为例子，当她因为请假感到内疚时，可以开始思考：单位的规定是允许请假的，每个人都有可能遇到需要请假的时候，同事甚至老板本人都曾经请过假，因此我请假这个行为不是错的，老板的表情很失望也许是他情绪外露，也许是自己过度解读。每当你下意识觉得自己错了的时候，可以问自己以上三个问题，从更理性的角度对事件进行梳理，避免被情绪牵着走。

2. 通过练习调整归因模式。过度内归因会让人陷入内耗，过度外归因又会让人学不会负责，我们要做的是让自己养成合理综合归因的习惯，分清哪些是自己该承担的，哪些是外界因素，不过分苛责自己，也不过分要求别人。下次遇到你觉得全都是自己的错的事情时，依旧可以问自己几个问题：（1）整个事件中哪些部分是我可以控制的，哪些不是？（2）在我控制范围内的部分我是否都做好了？如果没有，哪些地方没有做好？（3）我应该为这件事负起多大比例的责任？例如，某个人犯下的小错误让别人感到不开心，对方就此不依不饶。他复盘整个过程，发现自己已经尽力解释了，也做出了相应的补偿，做好了该做的，对方纠缠不休背后的诸多可能性并不受自己控制，因此只需要负一半的责任，另一半应该由对方负责。

回头看，也许曾经的某些经历让你形成了必须满足他人的期待和要求的认知，被这种想法困住的时日中，无端揣测，把外界放得太大，把自己缩得太小，认定即便对方不说也肯定抱着看不见的标准来期待你如何做，不愿把对别人的宽容分给自己一些。当别人认为你没错的时候，请不要因此感到内疚，坚持认为自己错了；如果别人认为你错了，请不要全盘接受所有评价，认真去分辨；如果你没错，请不要忘了你也值得收到一句真诚的对不起。

4 真的不应该有负面情绪吗

我们总是下意识地把负面和不好画等号，无论是情绪还是其他，似乎只要贴上这个标签它就不应该出现。随着年龄增长，戴着“面具”来往仿佛成了社交必备礼仪，职场中不应该有情绪，也不应该把情绪带回家，那么，那些不是很讨喜的情绪去了哪里？

问情绪去哪儿了之前，不妨探寻它从何而来。当我们看到或听到一些勾起负面情绪的事物时，大脑负责记忆的海马体会提取相关记忆，传导到杏仁核，激活过往和恐惧焦虑等情绪相关的体验，随后“指令”传达到下视丘，形成完整的情绪环路，人因此出现应对行为。细分之下情绪多种多样，其中喜悦、愤怒、哀伤、恐惧、讶异、厌恶是人类共通的六种情绪，除了正面的喜悦和中性的讶异，其他四种情绪多少让人感到不舒服，觉得不舒服了自然想要摆脱这种感受。面对负面情绪，不同的人有着不同的应对方式，有的人选择表达，有的人选择压抑，有的人选择转移，还有的人选择隔离。具体采用哪种方式，和我们对情绪的认知相关。从本质上来说情绪是感受，并没有好坏之分，反而是最真实的。我们常常能够见到幼儿直接表达情绪，难过就哭，开心就笑，随着成长过程中被“不应该生气，不要总是哭，别太胆小”等要求缓慢规训，对于自己是否应该有那些感觉的疑惑由此产生，进而学会压抑克制，殊不知应该被适当约束的是行为，而不是情绪。

何娜娜所在的行业以男性为主，成为中高层的背后是付出双倍的努力，在这样的环境中，她极限压缩情绪，不允许自己展露片刻的软弱。某天和闺密聚会，被问到上次哭是什么时候，她想了很久都想不起来，似乎已经很久没有过情绪了。

与何娜娜相似的选择压抑负面情绪的人也许是从小被灌输不应该展现那些所谓不好的情绪，又或者长期身处不容纳情绪的场合如不允许显露脆弱的职场，长此以往，他们对自己的情绪越来越陌生，甚至难以准确地辨别自身感受，遑论正确表达。把情绪压抑到潜意识深处，它会悄悄从生理层面溜出来，引起心慌、头痛等躯体反应，又因为个体在长期压抑的过程中感知能力愈加机械麻木，就像蹲到腿麻的时候对痛不敏感，毫无觉察情绪已经到了临界点，直至爆发性反弹，出现抑郁等更严重的情况。

赵勇的工作需要接待大量的陌生人，每天上班需要保持8个小时的礼貌微笑和耐心温柔，下班到家后总觉得身心俱疲，家人稍有不注意说了不那么顺耳的话，他就会大发脾气。

和前者相比，赵勇这类选择转移负面情绪的人能够感知自己的情绪，但没有习得如何正确表达，于是采取了看起来最为方便的转移，这也是一种心理防御机制。习惯用这种方式处理情绪的人常见于因为各种原因承受他人的情绪的群体，比如带有服务性质行业的从业人员，或者对外总是处于讨好状态的人。他们由于无法直接向引起自己负面情绪的人发泄，所以转移到次一级的对象身上，可能是认识的人，比如下属、孩子，也可能是陌生人，这也是为什么我们总能看到热衷于对外卖员、快递员找碴的人，或者在网络世界随意开骂的“键盘侠”。

梁女士经历了白发人送黑发人的痛，始终不愿承认孩子已在外地意外身亡的事实。她只身前往孩子曾工作的城市，没日没夜地寻找，每天只睡三四个小时，无论他人如何劝说，总有一天能找到孩子的妄想渐渐成了支撑她继续生活下去的动力。

像梁女士这样选择隔离负面情绪的人相对而言选用的是更为极端和复杂的应对方式，融合了压抑、否认、合理化等防御机制，把自我和感受完全割裂。如果说单纯的压抑是让人对情绪不敏感就像对疼痛不敏感，隔离则是无法感知疼痛。乍一看，这样好像不错，感觉不到就不会有痛苦，可是它同时也是非常危险的一件事，就像因脑部受伤无法感到恐惧的人，失去了刻在基因里的本能反应，面临危险时不害怕让他很容易出意外。同样，体验不了负面情绪会让人仿佛生活在孤独的真空世界里，终有一天情绪机制彻底失灵，心理全面崩塌，后果可想而知。

究竟如何跟负面情绪相处会更好呢？首先是提高对情绪的辨识能力，比如你现在觉得很烦，可以问问自己现在的感受是什么，选用最贴切的那个词来为它命名。同样是烦的感受，可能是因为焦虑，也可能是因为愤怒，假设是因为愤怒，再问自己是哪种愤怒，是求而不得的无奈的愤怒还是感觉被攻击的暴怒。遵循这种方式加以练习，我们对情绪的认知就会变得越来越清晰。失控行为的产生是因为无法掌控情绪，倘若足够了解它，就可以让理性占上风来引导自身的言行。其次是正确地表达，情绪不应该被压抑，也不是用来随意发泄的，在生活中我们好像不太习惯直接表达自己的感受，时常对其加以扭曲和修饰，比如明明是因为某件事生气，但不提这件事，借另一件事来发泄怒火，这种方式致使情绪看似得到缓解，实际上却还在。唯有准确地描述才能让它真正被看见和疗愈，可以用“先阐述事实再说明感受”的方式来练习如何直接表达情绪。另外，也可以调整对负面情绪的看法，毕竟用不同的心态去看待同一事物所带来的感受截然不同。例如，愤怒除了让心率加快之外，还可以提高我们的行动力；哀伤令人懊恼，但也是促人反思的好时机，能够使人注意到平时被忽略的东西；恐惧使人紧张，却会让人反应更快；焦虑令人烦闷的同时可能使人专注，如此看来，负面情绪也不是那么讨人厌了。

既然负面情绪没有在人类进化的过程中随着尾巴消亡，必有其存在的意义，每种情绪的出现都是大脑正在尝试告知我们某些信息，觉得委屈是认为自己值得更好的对待，感到焦虑是对自身能否解决问题的顾虑，愤怒和失望则是源于难以接受。倘若我们能够准确提取各种情绪背后所蕴藏的“提示”，就可以更了解自己，做出更合适的选择和行动，让心态趋向稳定，生活变得平顺。

无论压抑还是接纳，情绪的每一次出现都是暂时的，没有永恒的悲伤也没有永久的喜悦，它更像潮汐，起起落落，以不同面目带来馈赠，只不过有些可以直观地看到，有些需要花时间去挖掘。

第六章

长久累积的自卑

1 低自尊茧房

让我们一起想象如下画面：一个人瑟缩在厚厚的茧房里，四周密不透风，看不到外面，于是他认为所见即世界。时不时有人敲击茧房，想叫他出来，但这个人无法靠自身的力量走出去，只能坐在角落看着墙体向内生长，越来越厚。

这就是低自尊者的世界。自尊是指个体基于自我评价而产生的自尊自爱的感受以及对外界尊重有所需求的情感体验，由自爱、自信、自我观三大元素构成。倘若成长过程中充分体验被爱，我们能够据此建立自爱的基础来给予自己无条件的爱，它会让我们不那么轻易进行严苛的自我批评；如果我们做成很多事，得到很多鼓励和认可，会让我们变得较为自信，更有勇气面对挑战，遇到挫折不轻易退缩；拥有足够稳固的自我观，意味着我们可以客观地评价自己，不容易为外界声音所动摇，维持相对稳定的自我评价。人人皆有自尊需求，当我们的自尊水平不够稳定，进行上行比较时，也就是和比自己好的人进行比较，会带来挫败、嫉妒等消极情绪；下行比较会觉得满足，自我评价变高，但这代表我们的自我评价依然围着外界转。不稳定的高自尊者往往呈现一会儿觉得自己很好，一会儿觉得自己很差，总体处于波动比较大的状态，不稳定的低自尊者大部分时候觉得自己不够好，偶尔做成某件被认可的事时自尊水平会有所提高，但又很快被打回原形。

真正的稳定的高自尊者对自己的认知很清晰，不易受外界事物影响，能够以非常客观的角度看待自我，对自己的能力有基本准确的判断，从逆境中恢复的速度比较快。稳定的低自尊者往往具有以下八个特点中的几点或全部：

1. 因为无法客观看待自己而时常自我怀疑，质疑自己的能力。

2. 因为害怕冲突而养成内归因的思维惯性，遇事首先认为是自己的错，哪怕不是，仍旧习惯性道歉。

3. 害怕犯错带来的负面评价，不敢为自己的行为承担后果从而推卸责任。

4. 肢体语言呈现收缩状态，如肩膀不自觉收紧、总是低头走路、害怕与他人对视。

5. 经常不自觉咬指甲、掐自己、扯头发等，尤以社交场合为甚。

6. 哪怕已经做得很好了，却因为自我怀疑常常过度低估自己的成就。

7. 自我评价低，注意力集中在自己的缺点上，只能看到那些更好的人，进行对比后使自我评价变得更低。

8. 放大失败带来的影响，过分追求完美。

这些特征指向了消极退缩的状态，一个人长期生活在低自尊茧房之中会为生活的方方面面带来负面影响。心理层面，该群体会陷入长久的自我攻击之中，当一个人的大部分心理资源用于对抗自我，必然会影响他处理外部世界事物的效率，甚至近乎停滞；生理层面，因为长期维持不良姿势导致各种肌肉酸痛以及情绪不佳引起的头痛、失眠等情况会对健康造成一定影响，又由于无法忍受低自尊带来的内心折磨，用暴饮暴食、依赖烟酒等不良方式排解；客观事实层面，低估自身能力导致潜能无法得到充分发挥，本应值得更好的，却止步不前；人际交往层面，因为低自尊导致过分敏感，总是感到被伤害而习惯性退缩，无法很好地处理人际关系中的问题。

从某种程度来说，自尊水平的高低和年龄呈高相关性，儿童期逐渐分清自我和他人，但是认知尚未得到很好的发展，个体的自尊水平由于缺乏横向对比处于较高的区间，随着年龄的增长，踏入校园接触到更多人，自尊水平逐渐下滑，青春期为第一个低谷。踏入社会之后，在现实世界中获得的正反馈以及自我认知的清晰化，使自尊水平缓慢爬升，抵达第二个高峰。年龄渐长，脱离职场后的无价值感和对衰老死亡的恐惧会导致自尊水平再次降低。这是大多数人的状态，另外一些人由于特殊经历长期处于低自尊状态，尤其是那些来自人生早期的负面体验的影响。

曾经有一个小男孩在微博发私信向我诉说他的童年经历，身为留守儿童的他从小在寄宿学校长大，在北方的冬天靠着单薄的衣裳御寒，因为看起来很贫困而成了同学们戏耍欺辱的对象。同桌的女生带着全班对他进行霸凌，他的课本总是被扔到教室外，走路的时候常被推推搡搡，嘲笑讽刺的话语更是数不胜数。在如此不堪的环境中长大的他，不敢与人交往，害怕靠近异性，多年的愤怒难以向外发泄，通通转向自身。他一遍遍问我："我很差对吧？我真的很差。"

青春期的孩子本就分外敏感，急切寻求认同，尤其是来自同龄人的认同，这个男孩成长的环境是塑造低自尊人格的"完美"温床，缺乏来自家人的关怀、早期经历过严重的被忽视或者被霸凌事件、极少体验到关怀与鼓励。很多低自尊者或许没有体验过如此极端的成长环境，但一些常见现象仍然有可能导致低自尊。比如，家长担心孩子骄傲，信奉打击式教育，非常吝啬夸奖，哪怕儿女取得不错的成绩，还是会一遍遍灌输"这点成绩不算什么"的观念。又如，总拿自家孩子和别人比较，本心是为了激励，殊不知这是打击自信的行为，部分人因此变成低自尊者，在追求完美的路上给自己施加过大压力，自我评价的高低完全取决于外界，有条件的自尊的背后是缺乏稳定的内核。

如果你已经处于低自尊的状态，请尝试按照以下方法进行练习来提高自尊水平：

1.停止灾难化想象。低自尊者很容易因为在夸大困难程度的同时低估自己的能力而感到焦虑，当你面对新事物时再次体验到这种感受，请问问自己“我在担心什么”，找到自己对这件事的真正看法，比如答案是我认为自己做不到。有了答案之后，请从客观事实以及过往经历中寻找支持或不支持这种想法的事件，如以前在同类事情上失败过的经验支持了这种想法，曾经做成过类似的事情则是不支持这种想法。找到足够多的证据之后，再汇总评估自己的假设是正确的还是过度想象。

2.不再轻易苛责自己。如果你有责备自己的习惯，这种想法出现时，请记录具体的话语以及这种批评给你带来的感受。比如，我搞砸了一件事，觉得自己糟透了，真是垃圾不如（话语）。“垃圾不如”这个评价让我觉得很难受，抹杀所有个人价值令我感到难过（感受）。记录了之后反问自己，我真的这么差吗？寻找支持性证据矫正负面认知，比如我的确没有做好这件事，但是做的过程中我很认真，这是我的优点。

3.无条件接纳自己。把外界评价以及因为它而产生的情绪与自我剥离，无论是负面评价还是不良情绪都是暂时的，一时的错误和失败不意味着这个人毫无价值。平日里可以多做一些能够获得价值感和自我认同感的事情，比如坚持跑步，写一篇好文章等。可以是任何有些难度又能够独立完成的事情，在过程中逐渐提高自我评价，慢慢就不会轻易为外界评价所困，更能悦纳自我。

撕开低自尊茧房确实不是轻易能做到的，可以试着每天划开一道小口子，直到阳光照进来。

2 游离背后旷日持久的自我忽视

有这样一群人，生活在社会之中又游离于社会之外。日本的蛰居族、中国的“三和大神”、欧美的流浪汉，他们陷入如此境地的原因不一，共同点是或主动或被动地退出社会运转。在搜集资料的过程中，我发现其中部分人给出的理由是在旁人眼里非常微小的事情，比如某位蛰居族因为一次考试没考好，从此把自己关在家，不上学、不工作、不社交，持续十数年自我封闭的生活状态。这种现象的成因很复杂，既有大环境上升通道收窄而加剧的竞争压力，也有父母对其寄予厚望等家庭因素，回归到个体，和一路以来的经历有关，又因经历所形成的性格导致心理无法负荷重压，最终慢慢远离社会。总结后不难发现，他们普遍缺乏足够有力的社会支持且存在不同程度的自我忽视。

所谓自我忽视，可以理解为不关注自身的感受、情绪等，由此感到空虚匮乏，也许是因为不被允许表达而认为不应该，也许是从未习得自我关怀。一些老年人是常见的自我忽视群体之一，他们随着衰老本就越发害怕孤独，不再参与工作后社交圈变得狭窄或因为身体原因很少出门，身边朋友相继离世、伴侣死亡、子女不在身旁等都会加深老年人的负面情绪，同时由于老年人可能存在害怕给他人添麻烦的想法，倾向于自我克制。其中，情感和思维的封闭会导致部分老年人的性格发生不同程度的改变，如变得很固执、多疑、情绪化，卫生习惯变差等。而自我忽视的年轻人，严重者社会功能急剧退化，程度较轻的人也会在多方面受到这种状态的影响，它既可以出现在“普通”的人身上，也可以出现在“优秀”的人身上。

在社会成就较低的人身上所体现的自我忽视的影响往往表现在人际交往方面，因为对自我的认知不足，不了解自己是谁，不知道自己想要什么的同时也不了解别人，对社交场合心怀恐惧，呈现退缩状态，尽可能地减少与他人打交道的频率。社会成就较高而有自我忽视问题的人更多是以“空心人”的姿态出现，他们工作做得很好，很有上进心，与人交际时游刃有余，深入接触后却很容易发现这类人内心的麻木和冷漠，皆因他们很难感知情绪和情感。在感情表达方面，部分长期自我忽视的人对外会显露关心体贴他人的特质，很会逗人笑哄人开心，对内却无法取悦自己。另外一些人则体现为难以与他人共情，很难理解体会他人的感受，相应地，也难以对此做出反应，深层原因是对自己的情绪感知都很陌生，遑论考虑他人。

我的一位朋友出生在很富裕的家庭，他的父亲在年轻时白手起家，经历了无数风浪，吃了很多苦，养成了刚强的个性。他曾告诉过我，父亲对母亲没有太多关心和照顾，但会拿钱回家，从小耳濡目染，他也认为这种相处模式没问题。与此同时，由于父亲总是对几个孩子说：“情绪是最没用的东西”，这位朋友养成了压抑自己情绪的习惯，除了赚钱什么都不想。日积月累，他终于在某天确诊重度抑郁，只能放下工作入院治疗。

我们可以轻易地在这个例子中看到代际传递的身影，这是社会学中的概念，父母无形中向子女传递各种自身的特征，包括社会特征和身心特征，孩子的行为模式和家长存在一定的联系。例子中朋友的父亲认为情绪是无用的，以此来要求自己的孩子，营造了忽视情感的家庭氛围，这也是很多上一辈人的观念，固然和特殊的成长经历相关，但从另一个角度来说，他们很难体会孩子的感受。例如，儿女哭闹，家长频繁选择不理会或者斥责，让小朋友形成“表达自己的感受是不对的”的错误认知，渐渐习得了抑制情绪表达的模式，这样也许能够让孩子在长大后不那么情绪化，但也有可能走向过度压抑自身感受的极端；还有一些家长比较专制，希望儿女完全按照自己的想法行事的同时难以容忍错误，小到想玩久一点，大到考试失利、失业，家长经常以贬低性语言进行责骂，孩子始终在努力取悦父母而忽略自我。“别人开心最重要，自己的感受不要紧”的认知深深烙印在潜意识里，在未来，这种习惯会被带入其他关系中，成为总是习惯性讨好他人的角色；那些成长环境和我的朋友类似的孩子由于家长秉承“情绪不重要”的理念，并长期向他们灌输这种想法，让他们形成了只有看得见摸得着，实实在在的利益最重要的认知，长大后朝着永远没有尽头的目标奔去，无意识地压抑情绪直到不堪重负。

可见，自我忽视带给我们的影响就像身体长期处于亚健康状态，不良影响一点点累积，最终爆发可能导致毁灭性的后果。负面情绪从来都有用，它的存在是为了告诉我们哪些才是真正需要的、应该面对的。那么，怎样才能让我们重新认识曾经陌生的情绪呢？

1. 觉察自己的情绪。情绪升起时请不要像以前那样马上做别的事去压制它，学会观察它，看看它是从哪里来的，为什么会出现。慢下来，试着和它相处，体会它带给你的感受，哪怕不是那么舒服，习惯之后，你会发现你对情绪变得敏感了，可以更准确地体会别人的感受，也能够用真正的自我去和他人相处。

2. 了解情绪，我们会对自己的需求有比较清晰的认知。找到内心深处想要什么之后请勇敢地表达，不要被从前那些“不可以”困住，事情不一定会像想象中那么难。

3. 明白自己的感受，知道自己的需求，下一步是像照顾孩子一样去好好呵护它们，在因为惯性使然想要再次压抑时，请允许它们出现，给予被满足的机会，尽力照顾好自身的感受和需求再谈其他，不要在没照顾好自己的时候忙着去照顾别人。

4.从来都是各种各样的人评价你是怎样的人，告诉你怎么做，不要再被那些声音牵着走，把“如何定义我”的权利拿回来，在合理范围内从内心感受出发来决定做什么不做什么，发自内心的决定会让人更有动力，而不是因外来压力不得不顺从。

注意力很有限，在分给别人的同时请多给自己一些，自我才能够好好成长。

3 别人认为你自卑，也许你只是高敏感

我的一位印度裔朋友曾经见过多位精神科医师，均被诊断为抑郁症，但始终觉得诊断结果不是很符合情况，换来换去，最终在27岁那年找到某位知名精神科医生，被确诊阿斯伯格综合征，属于孤独症谱系障碍的一种。她如获新生，原来从小到大那些招来霸凌的行为不是因为性格不好，而是真的生病了。此后，她不再纠结于自己和多数人的不同，甚至开始喜欢自身的某些特质，比如对细节非常敏感、擅长绘画。不难看出，从那时起她变得开朗很多。

分享这个例子是因为这让我想到生活中很常见的现象：看起来像是什么，其实不是。例如，一个人的外在表现给人感觉害羞退缩、不喜欢热闹、不是很爱社交等，

旁人很容易就此下定论他很内向或者有些自卑，实际上他有可能只是高敏感人格。高敏感人格的概念由美国心理学家伊莱恩·阿伦于1996年提出，她认为每100人中就有15—20个人是高敏感人格，拥有该人格特质的人往往具有以下表现：

1. 感官比他人灵敏，同样的音量、光线、气味对高敏感人群的刺激强度更大，导致他们很容易感到不适。

2. 比别人更容易受到惊吓，比如忽然被人拍了一下或者对身边的其他动静，高敏感人群的反应来得更强烈一些。

3. 对微表情、肢体语言等细微变化很敏感，很容易感知旁人的情绪变化。

4. 比别人更擅长抓住那些容易被忽略的日常细节。

5. 情绪感受力强，也因此情绪波动大，更容易开心也更容易难过，同时共情能力也较强。

6. 害怕冲突，通常选择回避来解决问题。

7. 无法适应过于频繁的社交，需要长时间的独处来恢复能量。

8. 喜欢待在熟悉的环境中，抗压能力较弱且对环境敏感，环境的好坏直接影响其表现。

9. 爱好文艺作品，但不喜欢带有血腥暴力内容的。

10. 一次只能做一件事，难以多线操作。

通过以上10点，可以看出高敏感人群感受到的世界是放大的，好的方面是感受异常丰富，相对不那么好的方面则是感知过于细腻会带来情绪困扰，所谓一体两面。高敏感人格特质的形成大部分和基因有关，可以说是生来如此，小部分是因为环境因素，比如幼年长期遭受情感忽视，又或者由精神创伤诱发，这种敏感可以分为对内和对外两部分。对内，因为对自身情绪的变化非常敏感，容易为它所困，让自己陷入焦虑、抑郁的旋涡，外加普遍存在低自尊的情况，因为自我认同感不足而用更高的标准来要求自己，加剧情绪波动。对外，过于重视外界评价且习惯性揣度他人的意图，往往具有过度想象的倾向，比如对方的态度稍微冷淡，高敏感人群会开始思考是不是自己做错了什么让别人生气了。另外，对环境的敏感，比如人太多、太吵，甚至天气的变化都会在一定程度上影响他们的心情。某些在旁人看来极其细微的变化对他们来说都是一种刺激，刺激过多会让高敏感的人感到疲惫，进而影响情绪。

如此看来，似乎这种特质有点烦人，不过凡事有利有弊。高敏感人群的内省能力较强，更了解自己，很少会面临“我也不知道我为什么会这样想”的迷茫，加上习惯深思熟虑，他们所做的决定通常相对正确；非常有正义感，难以忍受不公，与此同时，由于同理心很强，能够充分站在对方的角度去看待问题，理解他人，有助于获得亲密的友谊，也让自己的思维更为开阔；观察力和创造力都很强，非常适合从事创造性职业，很多艺术家都属于高敏感人格。

如果你对于自己到底是不是高敏感人格存在疑问，不妨完成以下这份伊莱恩·阿伦博士编制的高敏感人格量表，请在你认为符合或部分符合你的感受的句子后面打钩。

1. 我很容易被强烈的感官输入淹没。

2. 我似乎可以觉察周围环境的微妙变化。

3. 其他人的情绪会影响到我。

4. 我对痛觉很敏感。

5. 我经常需要从忙碌的生活中抽离出来，在床上躺平或者在家独处，以从过多的外界刺激中恢复过来。

6.咖啡因的作用对我来说很明显。

7.强光、浓烈的气味、粗糙的面料以及喇叭汽笛的声音都会让我感到非常不适。

8.我的内心世界丰富且复杂。

9.噪声会让我感到很不舒服。

10.我很容易被艺术作品或音乐打动。

11.我的神经系统容易紧张。

12.我做事认真负责。

13.我很容易受到惊吓。

14.如果需要在短时间内同时进行多项任务，我会很紧张。

15.倘若我和别人在一起，对方觉得当下的环境（灯光、座位）不是很舒服，我通常知道如何调整会让人感到舒服。

16.如果别人要求我同时做几件事，我会很生气。

17.我尽可能地不犯错或者造成任何遗漏。

18.我通常回避带有暴力性质的影视作品。

19.身处喧闹的环境，我无法开心起来。

20.饿肚子会让我很难集中注意力，心情也会变差。

21. 我很恐惧改变。

22. 我更喜欢精致的东西，无论是气味还是艺术品。

23. 多项任务同时进行会让我不开心。

24. 我会优先安排好自己的生活以避免出现难以应付的情形。

25. 噪声或者混乱的场景对我来说都是强烈的刺激。

26. 当我必须参与竞争或者在他人的关注之下完成任务时，我会非常紧张以至于表现大幅下滑。

27. 我小时候经常被家长或老师说很敏感害羞。

如果你在其中14个或以上的句子后面打钩，那么你很有可能是高敏感类型的人；如果你打钩的句子低于14个，但确实完全符合你的状况，你依然可能属于高敏感人群。

这份量表我在很久之前做过。我也是高敏感群体的一分子，从小就对声音非常敏感，哪怕很低的音量也会觉得吵闹，长大后在社交活动中很容易感到疲惫，必须远离人群才能得到真正的休息，被艺术吸引而走上写作这条路。虽然高敏感作为一种人格特质很难改变，也确实会让我们产生比别人更多的烦恼，但是我们依然可以学着如何更好地利用这种特质，而不是拒绝它的存在：

1. 降低对自己的要求。高敏感人群往往具有完美主义倾向，可以试着放下对最终成功或失败的后果的想象，专注于眼前，降低情绪被唤起的概率。

2. 重新定义情绪。例如，如果参与竞争或者身处社交场合的时候容易紧张，请告诉自己紧张不是因为恐惧，而是身体在告诉我它已经准备好面对接下来的一切了。用中性或者正面的观念替代负面观念来定义情绪，能够在一定程度上缓解负面情绪带来的困扰。

3. 结合感受，尽量满足自身对于独处的需求，而不是强迫自己合群。

4. 可以告诉亲近的人你是偏向高敏感的人，容易多想，也容易疲惫，让别人能够理解你的部分行为，减少误会，减轻来自外界的压力。

5. 充分发挥创造力强这一优势培养艺术类的兴趣爱好，过程中出现的心流体验能够让你的心理状态保持平稳。

基因携带着高敏感这一独特的礼物而来，它既有很痛苦的一面，也有很美妙的一面，只要能够适应它，学会跟它和平相处，自然能体会世界的丰富和更深的喜悦。

4 自卑与自负：不再做“河豚人”

“你觉得我自信吗？”某天，一位朋友这样问我。我很少遇到别人这样提问，也不常如此思考，毕竟直面自己的内心需要勇气。时至今日，我们能够看到很多表面的自信，也许是穿衣打扮，也许是某种成就，这类人看起来深深为之感到骄傲，似乎自卑这个词和他们没关系。可是，稍加深入接触就会发现背后的匮乏，被紧紧抓住无限彰显的东西好像成了其赖以生存的支柱，除此之外再无其他。如果用一个词来形容这个群体，我会选择河豚。河豚遇到危险的时候让身体膨胀以威吓敌人，“河豚人”用自负进行伪装的背后是不愿面对内心所认为的弱小。

所谓自信和自卑，是心理学中自尊水平高低差异的外在表现，符合大众固定认知的自卑往往呈现瑟缩状态，比如面对社交场合的退缩，害怕与人对视，肢体动作僵硬等，而自负却往往被认为是自大，其实过度的自负只是自卑的另外一种表现形式。和其他情绪类似，自卑也具有不同的表现，最极端的情况是自我排斥，这是一种对自身全方位否定的心态，发自内心地认为自己一无是处且长期处于这种状态。程度较轻的自卑或自负则是波动的，不会总是自卑也不会总是自负，两者交替进行且具有一定的情景性。例如，遇到比自己优秀的人感到自卑，做成了某件事开始自负。最轻微的是普通的自责情绪，需要特定事件激发，比如做错某事，但是也会存在相对少见的习惯性过度自责。总而言之，用自负掩饰自卑是自觉或不自觉的防御行为。

梁杰曾经沉迷网络赌博，导致负债累累，不得不东躲西藏。消失的那段日子里，亲朋好友提起他总是嗤之以鼻，觉得他是个废人，这种情况令他倍感屈辱。后来梁杰在机缘巧合之下赚了一笔钱，无债一身轻的他开始疯狂花钱，言谈之间瞧不起其他人，总是一副“我有钱就是厉害”的样子。可是，他时常又会陷入自卑的情绪之中，时常与人吵架，质问：“你是不是瞧不起我？”这笔横财很快被挥霍一空，郁郁寡欢的梁杰又开始赌博。

不得不说，容易造成自卑心理的两种情形都出现在梁杰的生活里，其一是经历反复的失败，抛却自身性格因素，多次打击会让人产生自我怀疑，逐渐形成自卑的心态；其二就是收到过多的负面评价，如果其中大部分来自重要他人或权威人士，带来的打击和伤害会更大，哪怕反复告诉自己不要在意，个体仍然会不自觉地吸收内化，进而影响自我评价。第二种情况在家庭、校园和职场中很常见。

黄小敏是一位很焦虑的母亲，总是用很扭曲的方式表达对孩子的爱，她最常用的方式就是和女儿说××不喜欢你，说你不好。这位妈妈口中讲坏话的人囊括了所有和孩子亲近的人，譬如奶奶、外婆、姨妈、爸爸。时间长了，女儿难以忍受，在一次争吵中说：“你不要以为拉别人下水，我就会喜欢你。”但是，长年累月被灌输这种概念，女儿多多少少内化了部分，变成了一个自卑的人。

语言暴力带来的伤害虽然没有表面伤痕，但是和肢体暴力的影响无异。长久地被负面评价围绕而导致的自卑情绪，深深地捆绑着许多人，其中部分人之所以用自负武装自己，是因为触发了代偿性防卫机制，也就是用另一种东西来取代原有的事物以减轻痛苦，常见的有以下两种类型。

幻想型：因为现实生活的问题暂时难以解决或受情绪折磨又无力摆脱，个体会制造一个让自己得以暂时喘息的乌托邦进行逃避，可能是纯粹想象，也可能是实际行动。例如，对渴望的事物进行想象，想象过程中大脑会分泌多巴胺使人感到愉悦，一定程度上释放了内心的压力和痛苦，但过度沉溺其中可能导致思维退行，进一步削弱个体面对现实世界的勇气。用行动满足幻想相对来说更积极，比如按照想象写小说，弥补现实中的遗憾。

补偿型：当理想自我和现实自我的差距过大时，人容易感到自卑，为了摆脱自卑感往往会选择补偿的方式来弥补不足，其中有消极补偿、积极补偿、过度补偿三种形式。可以把消极补偿简单理解为破罐破摔，明知不可为而为之，比如某人明知道自己的失败是因为不够用心，却依然不愿意认真，继续糊弄；积极补偿是知道问题在哪里，尽力去补救，如对自己的学历不满意，努力学习，考取更高的学历。前文例子中梁杰的所作所为是失败的过度补偿，它通常会导致个体陷入更困难的境地，这往往也是导致个体在自卑和自负之间不断游走的原因。成功的过度补偿的结果是好的，比如某人自幼残疾，通过不懈努力成为残疾人运动员。

选择用自负掩盖自卑的人多是因为在不敢直面内心的同时自我评价很低，即便取得了一定的成就，得到许多赞誉，也始终对自己所认为的“缺陷”很在意，也许是因为早年的打击，也许是曾经的失败带来的挥之不去的影响。归根结底，提高对自己的认可而不是对某件事的认可，更利于修复自尊。

1. 妙用补偿。用积极补偿来替代失败的过度补偿，依然用梁杰作为例子，亲友觉得他是废人多是因为他不务正业，沉迷赌博，假设他在获得财富的时候认真做点事情或者把钱花完之后去找份工作而不是再度赌博，身边人对他的看法会逐步改观，形成正向反馈。

2. 尝试从多维度体验成就感。如果深度自卑的人只能从单一的途径获取成就感，很容易把这件事情看得过于重要导致心理失衡。例如，工作是某人唯一的成就感来源，他会在不断放大工作占比的过程中让自己的情绪与其高度捆绑，这种状态并不健康，分一些注意力给兴趣爱好、人际关系，从不同领域体验成功的感觉会让生活和心态保持在更平衡的状态，不那么容易自卑，也不那么容易自负。

3.学会欣赏自己。这里所说的欣赏不是说只认可外在成就，而是挖掘内在的优点，建立多元的观念，用赞许的眼光看待自己，比如从前对自己的单眼皮不满意，但是美有很多种，不是拥有双眼皮才算美。试着接纳自己的一切。

哪怕看起来完美无缺的人也会认为自己有缺点，凡人也会有不凡的可取之处，不再刻意加以掩饰的时候，就是告别自卑的开始。

5 人人喜欢我，除了我

我们都拥有一套独一无二的综合外界评价后所建立的自我评价体系，有些人的评价标准很高，有些人的评价标准适中，有些人的评价标准偏低。外在表现因为其中的差异而有所不同，或过分谦虚，或不卑不亢，或骄傲自满，无论哪种，只要表现出来就很容易被旁人觉察，更多人选择把最真实的感受藏在心底。部分外在成就很耀眼的人反而自我厌弃的程度很深，也许在多数人的想象中，他们那么优秀应该不会有太多烦恼，偏偏最困扰这群人的问题就是无法认可自己。

张图从小就是所处的圈子中最优秀的存在，上学时是最好的学校里总考第一的学生，工作后所在的公司也是行业龙头，就连业余爱好也发展到专业级，一路顺风顺水，得到了数不清的夸赞。无奈她发自内心地认为那些夸奖都不客观，对方只是出于朋友、亲人或师长的身份才会对她如此评价，只是客套而已。她一边心知肚明从客观上来说自己是优秀的，但一边又主观地认为别人只是暂时没有发现自己的缺点才会看不清。和别人相处的时候，张图不敢表露一丝一毫的真实想法，继续维持着优秀阳光的"假象"，殊不知她从小就不喜欢自己。

像张图这样固执地否定自己的人不在少数，他们的共同特征是非常依赖外界评价，或者说对他人的认可有着超乎寻常的渴望，缺乏稳定的自我评价体系，内心世界自然会随风摇摆。从另一种角度来说，他们的自我认知存在不同程度的歪曲。认知歪曲是指个体随着时间的流逝不断巩固对自身或外界的不易察觉的不合理信念，比较常见的有三类：绝对化要求、过分概括化、糟糕至极。

不合理信念往往包含了苛责的意味，在歪曲认知的引导下，人很难做到对自己宽容，更遑论喜欢。那么，这类失之偏颇的自我认知是如何形成的呢？

首先是成长环境，较为常见的情况有两种，第一种情况是从小得到的鼓励很少，经常被指责和否定，个体把这些来自外界的负面评价逐渐内化，形成内在客体。可以简单理解为一个人长期得不到他人的认可，慢慢认同了这种看法，于是自己也不认可自己，哪怕取得了些许成就，心里始终有个声音在说："你还不够好。"第二种情况是重要他人对其的评价标准时常变化，同样的行为今天是正确的，明天就成了错误，长时间高频体验这种不稳定的评价体系会让个体的认知变得混乱，无法形成清晰的自我认知。另一个导致个体自我厌弃的重要原因是缺乏掌控感。

自懂事起，章莱走的每一步都受父母安排，学什么技能，报哪所学校，和怎样的人结婚，都按家人的意思来。按她的说法，从小到大做的很多事她都不喜欢，但是依然会尽力去做好，因为就算不这样，她也不知道自己到底喜欢什么。日子一天天过，章莱觉得越来越累，每天都要睡很久，整个人变得很麻木，这种状态持续了几个月，终于在某天情绪彻底崩溃。

章莱的例子也很常见，我身边也有一些生活轨迹和她很像的朋友，他们总体呈现对自身不满的状态，这种对自身微乎其微的缺点的不满看起来有理有据，实质上是源于无法自主掌控生活的愤怒。如果一个人被剥夺与自己相关的事物的掌控权，就会产生很强烈的无力感，毕竟如果由自己做选择，哪怕结果不尽如人意，也未必全是自己的错。但无法自主决定，意味着身在其中却做不了任何事，会让个体感受不到自己存在的意义进而自我厌恶。除此之外，还有两种容易让人出现不喜欢自己的心态的状况。一种是落入比较的旋涡，不管是和网络中的陌生人还是熟识的身边人相比，都容易让我们聚焦于他人的闪光点而忽略自己；另一种情况相对特殊，表面的自我贬低实际上是自恋，那个不断和别人抱怨自己的缺点的人也许暗地里正期待着夸奖。

如果你恰好不是那么喜欢自己，请参考以下方法进行练习：

1.跳出来，从局外人的角度去看待自己。每个人的认知都有限，我们往往很难看清全貌，哪怕被观察的对象是自己。不妨把你最常收到的评价总结归类，看看那些来自别人口中的优点和缺点有哪些是重合的，把重复率最高的几个评价和自我评价进行对比，看看是否一致，如果不一致，可以追溯它是否和你的过往行为匹配。筛选过后，剩下的优点和缺点具有内外一致性，也最接近真实情况，能够辅助你的自我认知变得更清晰。

2. 用行为改变认知。当我们形成歪曲认知，难免会坚定地认为真相就是想象中的样子，可是认知会随着行为的变化而改变。比方说，某个人觉得自己很笨，学东西很慢，与其为之纠结，不如行动起来去学点什么，学习过程中的每一次进步都会让他获得成就感，认知也会从“我很笨”慢慢转为“我有时候也没那么笨”。

3. 少关注外在成就，多关注内在属性。想要更高的职位，想赚更多的钱是很多人的目标，它们固然很重要，但把所有注意力集中于此的那一刻，我们就走上了一条没有尽头的路，陷入无穷无尽的比较之中，容易放大对自己的不满。倘若把部分注意力转移到内在自我去认真挖掘优点，比如有耐心、做事认真，这些特质是完完全全属于你的，认可它们的同时就是在提高对自己的认同感。

4. 练习自我关怀。要知道世上不是只有我们在经历痛苦，挫折是不可避免的，但依然可以友善地对待自己，不过分向内攻击，可以是难过的时候给自己一个拥抱，也可以是在又一次厌恶自己的时候对自己说几句鼓励的话，这就是自我关怀。

在没有学会爱自己之前，人总是因为各种各样的烦恼而感到无力，当我们学会关怀和喜爱自己时，烦恼可能依然存在，不同的是如今我们更有能量去应对。

第七章

不再为遗憾而后悔

1 你也可以不对“如果当初”感到后悔

某天，我和一位家在北京的朋友打电话，他提起一件往事。多年前，他们家和亲戚家同时拆迁，在那个房子还不是很值钱的年代，他的父母选择了房子作为补偿，他的亲戚选择金钱补偿。我的这位朋友在房价飞涨的今天过得很好，当年做出截然不同的选择的亲戚捶胸顿足多年，被悔恨绑架，两家渐渐不来往了。

平日里我和不同朋友聊天，他们多少会半开玩笑地讲到“如果当初”，毕竟往回看难免有遗憾，也许是错过的风口，也许是错误的选择，也许是不够好的表现和太晚才懂得的道理。让我们产生后悔情绪的事件往往具有以下三种特征的其中一个或兼而有之：1.事情的结果是负面的，比如因为一时疏忽酿成大错，产生“我本可以”

的悔恨。2.只差一点点就可以做到，比如去终试的路上遇到意外，导致迟到而被取消面试资格。3.虚拟回报远超预期，比如刚把股票卖了它就开始暴涨。之所以会在事后出现带着遗憾和后悔的想法，和我们的反事实思维相关，它与情绪紧密相连。

反事实思维这一概念最早由美国心理学家，同时也是诺贝尔经济学奖获得者卡尼曼与同事特沃斯基于1982年在论文《模拟式启发》中提出，这种心理现象会让我们对已发生的事件进行模拟，探寻与事实相悖的可能性，在虚拟的基础之上推导虚拟的结论，在此过程中产生的情绪到底是积极的还是消极的和个体假设的方式高度相关。上行反事实思维通常会带来较为负面的感受，下行反事实思维则让我们的心态更积极。两种假设的差异，我想可以用亲身体验来举例子。我的上一本书《与我们内心的冲突和解》刚发行就进了当当的新书热卖榜，当时我的想法是：虽然排名不高，但好歹在榜单上，这是下行反事实思维，更偏向于庆幸，即如果不这么做可能最后的结果比现在更差，就像无意中在旧衣服的口袋里找到钱，情绪是积极的。后来，随着书在榜单上的排名越来越高，我开始患得患失，每当名次有所下降，就忍不住琢磨是不是宣传的时候有哪里没做好，假如当初用另外一种方式宣传会不会更好。这时我的假设推论从下行转为上行，上行反事实思维内心忐忑不安，更多是想象如果我怎样做也许就不会如此，暗含着不满，就像一些人吃了学历不够高的苦之后，开始后悔从前为什么不好好学习。

无论是上行反事实思维还是下行反事实思维，较为普遍的分类有加法式、减法式和替代式。顾名思义，加法式是在假设的过程中添加前提条件，比如某人比赛输了，他想，如果当初训练的时候再认真一点或者把哪个动作做得更好，也许结果完全不同；减法式则是在假设过程中去掉部分已知条件，比如某人和父亲矛盾很深，直到父亲病重，他才开始为自己过往的言行感到后悔，后悔为什么不好好珍惜相处的时光；替代式是用另外一种可能性取代客观事实进行假设，比如某人从名校毕业后选择离开大城市回到家乡，眼见留在一线城市的老同学混得风生水起，开始思索如果自己当初没有离开而是留下，如今会怎样。

反事实思维是跨文化的，也就是无论何种文化背景和种族的人都会具有这种近乎本能的心理反应，这种思维体现于日常生活中的方方面面，可以是个人化的，也可以是群体化的。从个人的角度来说和特定情绪相关，引起悲伤、后悔、遗憾等情绪的个人经历往往会让人不自觉地启动反事实思维，当然其结果可能是让自我得到安慰，也可能使人陷得更深。群体的角度则是和特定环境有关，譬如新冠肺炎疫情忽然出现，持续了三年，群体情绪由最初的恐惧担忧发展为“如果没有疫情，这三年会是什么样子”。因此，不仅仅是你我会出现为过去感到后悔的情绪，几乎人人都曾有过这样的体验。

我们总说着“如果当初”，带着些许悔意的抱怨，似乎只是单纯的抱怨，其实不然，它也有正面意义。首先是通过因果推论，基于同一观察对象如自己，把客观事实和反事实的假象进行对比能够让我们意识到从前的不足，日后遇到类似情况能够加以改善。其次是对心理健康水平的影响，假设我们总是采取上行式反事实思维方式，会让自己长久地处于负面情绪之中，如果养成下行式反事实思维方式，会让我们更关注已拥有的一切，而不是苦苦抓着已失去的部分不肯放手。不妨依照以下方式进行自我训练：

1.不执着于无法改变的部分，关注美好的部分。比如，因为亲人离世深感后悔没有多陪对方些时日，与其长期沉浸在悲痛之中，不妨多回忆相处中的美好时光。

2.养成纪念好事的习惯。不知道你有没有发现这样的规律，如果我们不停地抱怨，情绪会再次升起甚至加强，但是如果这时候我们开始细数遇到的好事或开心的事，情绪也会随之好转。因此，如果养成每天睡前回忆当天值得开心的事的习惯，哪怕只是陌生人帮你挡门这样的小事，时间长了我们的思维模式就会变得更积极。

当下，我们总会认为自己的推测判断是正确的，殊不知标准会随着时间而改变，不妨回忆一下十年前我们认为好的事物或选择，现在是否依然如此看待？我想，应该有了不小的变化。我们对此刻的假设坚信不疑，恰似当年，却忘了五年后、十年后自己的想法很有可能和现在截然不同。从另外一个角度来说，现时对“如果当初”的执念只是源于现阶段的认知，和情绪一样都是暂时的。

既然如此，对过去的追悔莫及更像是虚幻陷阱，掉入其中会受视角所限，固执地认为自己完了。其实只要战胜恐惧，再往前走一步，就会发现陷阱从来都不存在。

2 自恋——潜藏在假面具后的隐秘

你有没有遇到过很喜欢“认错”的人？无论是团队的错误还是别人犯错，他们总会把责任揽到自己身上。比如，他其实对孩子很好却老是和旁人碎碎念哪里做得还不够好；再如，项目因为其他人的不足进行得不顺利，他认为都怪自己；又如，对多年前伤害过的人感到抱歉，常和别人说觉得很内疚，却不采取任何补救行为。我们往往能看到他们自责的程度和事实的严重程度不成正比，还能感觉到他们似乎隐隐约约期待着他人否定那些夸张的表达，用认可和赞扬予以回应。这时，他们再以“哪有，确实是我不好”来结束这出频繁上演的戏。

自恋，是藏在这种表演之下难以见光的隐秘。合理范围内的自责指个体能够分清自己和他人的错，只为自己应该负责的部分产生内疚情绪，而被自恋驱动的过度自责更多以“大包大揽”的形态出现，所谓的别人没做好都是因为我，其中暗含着“我更厉害”的意味。这和我们认知中的自恋好像是两回事。平日里提到这个词，难免会让人联想到觉得自己哪里都好的骄傲自大的形象，和拼命自责完全不同。

之所以会出现这种差异，是因为自恋在心理学领域本身就分为健康的自恋和不健康的自恋，后者会以多种形式表现，把自责作为假面具的表现属于其中一种。当一个人把注意力、心理兴趣集中在自己身上便可称之为自恋，人皆有之，只是程度不同。从出生到六个月大，我们都会呈现全能自恋的状态，那时我们还没有你、我、他的概念，无法区分自体和客体，如果被好好照顾和对待，随着年龄增长，全能自恋这种原发自恋会逐渐消退，发展为健康的自恋。

小王有很多朋友，朋友们只要有时间就想和他相处，全因在他身边可以很放松。小李很好奇他是怎么做到的，于是开始悄悄观察，发现小王本身就是一个很放松的人，说话做事几乎没有攻击性，很能为别人考虑但也有原则，无论别人夸他还是指出他的缺点，他都不太会受影响。

不难看出小王是典型的健康自恋者，正如“幸福的家庭都是相似的，不幸的家庭各有各的不幸”，健康自恋者往往具有以下特点：

1. 相信自己是值得被爱的，也相信别人是爱自己的。

2. 能够区分主观想象和客观事实，不会过度夸大或贬低自己。

3. 为自己着想也能为别人着想，可以合理地体会别人的感受，尊重他人。

4. 能够正确分辨外界的评价，不会把正常意见当成对自己的攻击。

不健康自恋者则具有以下特点：

1. 认为其他人不爱自己，只能自己爱自己。

2. 不能很好地区分主观想象和客观事实，过分夸大自己，力求完美。

3. 过度以自我为中心，很难共情他人。

4. 会把无恶意的评价看作恶意攻击。

健康的自恋和不健康的自恋呈现完全背离的状态，对于多数人来说，我们有时候离健康的一端更近，有时候会靠近不健康的那端，不时在中间范围游移，而不健康自恋者则不断朝极端走去。

林华成长于管教甚严的高知家庭，体面的父母以自认为完美的方式来教养孩子，在外人眼里自家儿子确实很优秀。但在家庭内部，只有达到父母的要求时，林华才会被表扬，否则会被贬得一文不值。毕业后，林华的事业很成功，得到的恭维越来越多。即便如此，因为选择了做生意而不是投身学术，他每次回家依然得不到搞研究出身的父母的认可。慢慢地，他变得越来越不能接受别人说他一句不好，越发认为自己完美无缺，直到被朋友拉着去做心理咨询，还是不认为自己有问题。换了几个咨询师之后，林华被确诊为自恋型人格障碍。

林华是不健康自恋发展到人格障碍的例子，从小被情感忽视且得不到认可在他心里埋下了“没人爱我”的种子，也就是自恋从客体撤回以服务自我，形成次发自恋，渐渐发展为人格障碍。根据《精神障碍诊断与统计手册》第五版对自恋型人格障碍的定义，他们会无限幻想和夸大自己的成就和才能等，极度强调自我的重要性，因此总希望他人能够时时刻刻顺从自己，无法体谅别人，总认为不好的评价是出于嫉妒，且自身容易嫉妒，自视甚高，言行傲慢。无论是自恋型人格障碍还是较为常见的不健康自恋，大多为自大表现型。另一种更隐秘的不健康自恋则通常以脆弱敏感来表现，他们看起来比前者内向得多，似乎不喜欢引人注目，就像这篇文章开头写的那样，很容易自责。

不过，和自大表现型一样，他们的注意力也集中在自己身上，自责是为了过度突出自己的重要性，所以我们总能从他们口中听到“都是因为我才会做不好”，这和自大地说“如果不是因为我才不会成功”并没有太大区别，稍加对比，就能发现两种句式都把“我”放在很高的位置。

无论是自大表现型还是脆弱敏感型的不健康自恋，其内核都是低自我认同感，因为无法信任自己，对自我的认知只能依赖外界，由此对非正面评价分外敏感，只不过前者以愤怒应对，后者以自责应对，但都是维护自尊的方式。

如果把自尊心比作一杆秤，我们从小到大经历的种种是大小不一的砝码，自尊心低到某种程度个体会感到自卑；正好达到平衡的时候，个体处于自信的状态；当自尊心过高，容易发展出不健康自恋。怎样把我们的自恋从不健康的状态调整到健康的状态呢？

1.放下优越感，自己确实很好，但别人也不差，学会真正欣赏他人。

2.把注意力分一点到别人身上。不健康自恋总是太关注自己，看不见别人。多关心他人，在关心照顾别人的过程中获得的自我效能感比想象中的“完美的自己”带给我们的感受更好。

3.让那个被藏起来很久的真实自我出来透透气，越压抑真实的自我内心越失衡。虚构出来的完美自我就像上阵时戴的面具一样，是给自己加油鼓气的防御，这个世界没有那么严苛，不是只有做到完美才能活下去，要相信真实的自我更值得被爱。

4.尝试暴露一些小缺点。如果不健康自恋者能够克服恐惧，从向亲密的朋友暴露无关痛痒的小毛病开始尝试，再慢慢试着在陌生人面前放下“偶像包袱”，也就走上了回归健康自恋的路途，认为“我必须完美”的念头会随着内心的敞开土崩瓦解。

无论名字是“自责”还是“自恋”，面具始终是面具，不是真正的自己。试着慢慢摘下面具，让大家认识那个很值得被爱的真正的你。

3 自我惩罚的“罪人”

为了写这篇文章，我特地看了《海边的曼彻斯特》。电影的男主角李·钱德勒和妻子以及三个孩子在小镇曼彻斯特平静地生活着。某天，他喝醉了，去便利店买东西前给壁炉添了柴，却忘了放好挡火板。他离开了整整40分钟，回来时房子已经淹没在熊熊火海，妻子被救出来了，三个孩子无一生还。离婚后，他逃到波士顿，如影片开头所示，这个人看起来什么都不在乎了，即便后来不得不回到曼彻斯特处理哥哥的后事，却依然无法在旧地停留。再次逃离时，他对侄子说：“我无法克服。”他无法面对回忆也做不到摆脱内疚，永远生活在自我责罚之中。

内疚和自责情绪有深有浅，极端的情况叫作自罪妄想，常见于抑郁症和精神分裂症，患者往往会毫无根据地认定自己罪大恶极，对不起全世界，应该受到严厉的惩罚进而不断地自我否定和贬低，这是极端自我攻击的外在表现。李·钱德勒的表现是过度自责导致的麻木，由从前的活泼开朗转为沉默寡言易激惹，整个人看起来很空洞，在生活中也偶尔能够看到像他这样的经历重大打击之后仿佛变成了另外一个人的例子。程度轻微的自责多数人都遇到过，比如我偷懒不写作的时候，会一边责怪自己为什么不写一边做其他事情；又如你一时控制不住脾气对亲近的人发火之后的内疚。

三种程度不一的自责背后的机制不完全相同，第一种是内心长期的冲突已经损害了当事人的自知力，可以简单理解为他们其实并不完全清楚自己在做什么，这也是为什么他们会忽略客观事实无限放大自己是个罪人的想法，背后是极低的自我评价和几乎全方位丧失的对生活的控制感，已经破罐破摔到无罐可摔。而李·钱德勒们，则是因为打击过大，为了回避创伤，在防御机制推动下封闭了全部或者部分情感，这种封闭是对外的，从旁人的角度观察通常表现为沉默寡言、很少或者没有情绪反应，仿佛在和一具没有灵魂的躯壳相处。但他们的内心无时无刻不在自我折磨，长此以往，压抑机制必定会有失效的那天，将有可能走向人格解体。和我们常在影视剧中看到的一个人具有主人格和多个副人格的人格分裂不同，人格解体是个体在遭受重大情感创伤后，常见的几种防御机制通通溃败，被迫发展出来的高度病理化的防御手段，通常包括以下三个症状。

现实解体：空间感出现变化，感到平日熟悉的街道、房间等和原来不一样。

情感解体：感受不到情绪，也无法表现情绪。

躯体解体：觉得手不是自己的手，脚变得很大或者很小等。

至于你我都会有的浅层自责往往是因为想要重新获得掌控感以及把自我和行为分开，让自己好受些。比如，我某天不写作，停下工作所带来的焦虑感会让我无论做什么事都会时不时想起写作。我相信很多人在日常生活中有过类似体验，任务还没完成却不想做时难免会责怪自己，这种自责会让我们产生“不是我不做，只是我想停一下，这样才能做得更好”的想法，对接下来的工作节奏有了控制感，自然就不会感到焦虑了。当我们做了错事或者伤害了别人时，自责和内疚的情绪除了能够促使我们去做出友善的行为进行弥补之外，更重要的是保护了自我。

陈林最近的工作压力很大，每天都很忙，睡眠也不足，脾气变得很暴躁，很容易对家人发脾气。情绪过去后，他看到家人和自己说话时变得小心翼翼，又觉得很内疚。于是在周末带全家去邻市自驾游，途中向家人道歉，澄清自己之前并无恶意，只是因为工作压力太大了。

当自责情绪出现，它指向的是具体事件，意味着“我只是那件事做得不够好，不是我整个人都不好”。显而易见，它帮助我们把行为和自我区分开了，从某种程度上缓解了自我攻击的程度。无论是前两种已经呈现病理性的自责还是第三种常见的自责情绪，都是立足于“我”：都怪我、都是因为我、如果不是我……在这类想法之上进行内归因，从而产生了包含自我惩罚的情绪体验，也就是自我攻击。自我攻击是个体以自身为代价寻求内心解脱来发泄情绪的方式，可以是心理层面的也可以是生理层面的，又或者两者并行。自我攻击和其他心理机制一样，也有一定的发展规律。

1.萌芽期：个体受到直接或间接原因的影响，产生了自我攻击的动机。例如，因为自己或者他人的过失开始怀疑自己。

2.形成期：在不断回想事件的过程中被痛苦情绪折磨且无法很好调节。例如，因为怀疑自己而不断加深“我很不应该”的想法，逐渐泛化，从只对单一事件自责发展为对自己的全盘否定。

3.行为期：长期为情绪所困直到逼近心理承受能力的临界点，出现回避外界、自残甚至自杀等行为。例如，自我否定的时间长了，逐渐丧失价值感，开始思考自己为什么活着。

一部分人之所以会为自责所困，是因为过度情绪反刍。在自然界中，牛这类反刍动物咽下食物，不久之后会从胃里反刍接着咀嚼再咽下去，情绪反刍的过程与此类似。当我们因为某件事感到难过，就会自觉或不自觉地以第一视角进行回忆，一次比一次难过，不断强化负面情绪体验。次数多了，就会出现平时所说的“走不出来了”。想不被过度反刍困在原地，就要想办法摆脱它：

1.转换视角。当我们用第一视角去看待自身经历时，难免会受情绪影响，无法真正客观地看待事实。抽离出来，从第三人视角以更理性的姿态去看看这件事到底是不是自己想的那样，或者请朋友从他们的角度来分析，帮助我们看到事件的全貌。

2.认知重评价。很多时候自责是因为我们觉得自己原本有更好的处理方式，一味自责会加深“我不好”的消极认知。如果能够换个思维方式从积极的角度重新评价，把“我不好”改为“我做得不够完美，但下次我可以做得更好”，就会豁然开朗。

3.转移注意力。察觉到自己陷入情绪反刍，可以做一些需要专注的事情来转移注意力，比如玩俄罗斯方块、拼乐高等，情绪反刍会自然而然地中断。当它下一次来临时，再次打断，直到它出现得越来越少。

哪怕发难的人是自己，你也不应该被随意指责，请保护好终身陪伴你的那个独一无二的自己。

4 完成接受这项课题，不做热锅上的“鱼”

我们经历许多，难免有些事令人倍感煎熬，似乎无论如何也学不会接受。

我曾在网上看到一则新闻，一个英国男人早年囤了很多比特币在硬盘里，后来无意中把它弄丢了，眼看着比特币的价格暴涨，越发着急。那个硬盘理论上还在垃圾堆填区，于是他每天下班后都去垃圾场翻来找去，始终没找到，后来干脆辞职去寻找那笔曾属于他的财富，仿佛走火入魔。时间一天天过去，积蓄花光了，妻子带着孩子离开了，他仍然想找赞助商提供几百万英镑的资金以继续寻找，打心底认为这样肯定能够把硬盘找回来。当然，截至我看到新闻的时候，他没有找到任何有意向的赞助商。

也许，那些难以接受的过去对你造成的影响远没有例子中这么极端，却始终像落入鞋里的沙子，时不时提醒你它的存在，总归是不舒服的。那些往事之所以会让人感到煎熬，通常是因为我们主观认为它难以掌控、不可挽回。这种认知的形成除了客观事实的确如此之外，还和个体的记忆以及如何叙述相关。很多时候，我们对记忆深信不疑，殊不知它是可被加工的，在人进行记忆的过程中，脑内神经元的突触发生联系，于是记住了，过后一遍遍回忆，事情却悄然发生变化。如果我们对某件事抱有强烈的感情色彩，尤其是创伤类事件，回忆的时候很多细节在不知不觉中可能被修改加工变得更主观，其间我们不断接受来自外界的信息，某些与之相关的消息因为个人的视角限制被部分吸收，形成误导，再次强化记忆偏差，逐渐演变成当下所认知的“高度可信”的记忆。

当我们认定某件事一定是印象中那样时，之后的看法和感受都是建立在这样的前提条件之上，比如某人遇到意外事件，认为是朋友有意为之，想着想着，将它和以前两人相处时的细节联系起来，逐渐认定自己的想法是对的，于是越看对方越不顺眼。有些人面临这种情况会询问被怀疑的一方，搞清楚事情始末，有些人却选择默默疏远对方，还会认为“果然这个世界上没有一个好人”。

一个人如何看待事物和他的叙述风格高度相关。叙述心理学最早由行为主义流派出身的心理学家萨宾在1986年提出。所谓叙述风格是指“我”如何描述与我相关的一切，它和自我的构建很紧密，人在诉说的过程中会把行为和生活事件相联系，从中可以观察个体的人格、对事物的态度以及情绪如何。我们无法接受已发生的事通常是因为对其的叙述偏悲观，毕竟特殊的视角来自特殊的经历。

有一位男孩的父亲脾气暴戾，对他非打即骂，好像儿子是全世界最没有价值的人。背负着沉重负担长大的男孩，变得极具攻击性，总是惹事，和别人打架时常常下手很重，后来他在某位长辈的引导下慢慢修正了尖锐的个性，开始为从前的所作所为感到后悔。于是他去向曾被自己伤害的人道歉，对方拒绝原谅。他因此觉得自己确实就像父亲说的那样是一个祸害，被这样的认知所困，又开始了从前的生活，最终入狱。

例子中男孩的叙述角度很狭窄，也总是依赖外界反馈来衡量自己的价值，这和他所经历的童年逆境有关。童年逆境是指在成长过程中儿童所经历的超出自身情感发展的压力性事件，经历得越多，对身心的影响越大，脑部结构也会有一定程度的改变，成年后比他人更容易患上各种情绪障碍和生理疾病，如果意识不到自己的叙述方式不太恰当，无形中会加深原有的心理创伤。假设这个男孩的道歉被拒绝后，他认为对方接不接受是另外一件事，自己至少踏出了道歉这一步，已经不是从前那个坏人了，用这种更积极的叙述方式来取代破坏性内在对话，能够帮助他更好地接受过去。

1. 积极叙述让个体清晰地意识到自己在其中承担了相应的责任，对事件的看法从“我无能为力”变成较有掌控感的状态。

2. 虽然有时候在事后做出一些补偿并不能改变太多，但类似举动能够减轻个体的愧疚感，从而慢慢接受现实。

3. 改变叙述方式能够让我们把自我和单一事件分离，

比如你为自己曾经犯下的错误而悔恨，认为那次错误意味着人生完蛋了，这种叙事角度会让人陷入无边无际的负面情绪之中，但可以换种方式来重新讲述这个故事，错误只代表过去，不代表现在，更不代表未来。

改变叙述方式，或者说改变对事情的认知，关键在于拓宽视角。我们的视觉有盲区，认知当然也会有盲区，同一件事由不同的人来叙述，结果可能是完全相反的版本。

某天，一位母亲和女儿来到咨询室，母亲抱怨女儿越来越叛逆，老是逃课被老师请家长，让她很犯难。女儿说："她都没空管我，如果我不这样，可能一年都见不到她。"这时，母亲才明白孩子只是想要陪伴，却不明白为什么要用这种方式而不直接和她说，女儿的理由是已经认定母亲不会改变。

倘若我们被无法接受的往事折磨的时候能够从多角度去看待它，往往会有新的发现。有些人一味沉浸其中，不做出任何行动，哪怕嘴上说着想改变，其实潜意识中也只期待着别人做出改变。例子中的女儿认为自己不被老师请家长，母亲肯定不会多陪伴她，暗含着期待却不直接表达，这种自己站在原地，希望对方走过来的心态源于对未知和担责任的恐惧。也许有人会说："我被过去的经历折磨的时候明明很痛苦啊，怎么可以说是我不想改变，我只是觉得我做不到。"当这种内心对话出现时，往往说明个体在这种情绪之中的时间已经很长了，甚至对它有了熟悉感，是另一种形式的安全感，对真正做出行动后会遭遇的恐惧压过了痛苦。那么，到底怎样才能接受那些让自己煎熬的事件呢？

1.承认情绪的存在。如果你每次想起以前的事都会觉得不开心，却已经习惯压抑自己的情绪，请试试放轻松，去感受情绪，无论悲伤还是痛苦，让它自然流动更利于情绪的缓和。

2.验证自己的记忆。我们往往只能记住和情绪相关的事情，一些无关紧要的细节会随着时间被遗忘，可是那些让我们豁然开朗的契机有可能藏在其中，可以试着回顾事实看看是否存在记忆偏差，也可以向旁人求证，在修正记忆的过程中修正叙述方式，调整认知。

3.用理想自我来取代标签化自己。无论别人怎么看待或者认定你，甚至因为一些事疏远你或做出其他不太好的行为，如果你顺着这种观点全盘否认自己，就落入了标签的“圈套”，从内心打上了标签将会令你很难靠自身的力量走出来。因此，你可以认为自己某件事做得不好，某个行为不对，但是请不要用它来定义你，不妨想象你理想中的自我是怎样的，并不断朝那个方向努力。

作家写小说会叠加多种叙述手法，我们也可以用多个叙述角度来描述过去。人生走向固然会有受经历影响的部分，更重要的在于我们如何描述那些曾经，既然可以在一定范围内修正，何乐而不为？

第八章

获取快乐的方式

1 内在自我：该怎样从迷茫焦躁的状态走向平静

我曾在网上看到一个提问：有没有什么道理是你后悔知道得太晚的？其中某个回答如下：我其实有成功的能力，然而因为不相信自己能行，花了太多时间来自我怀疑，以至于什么也没做。很多人表示赞同，还有人说："花了太多时间在不喜欢的事情上，没有去思考，等找到自己真正想做的事，未必有勇气重新开始。"表面上看，如此种种是因为犹豫不决，其实背后是内在自我不够宁静，听不见内心的声音，就像一杯浊水静置的时间够长，沉淀物下沉，水会变得澄澈，而如果一直搅拌，将会越来越浑浊。

内在自我是指个体的自我意识，对身心状态的认知、感受和期许。包括以下几个方面。

1. 自我观念：对自身社会角色的评价。例如，你是一名教师，你如何看待自己在这重身份下的表现？

2. 自我知觉：通过自己的外显行为知觉内心状态的能力。例如，你最近做事没耐心，能否察觉为何如此？

3. 自我评价：客观地评价自己的性格和能力。例如，无论表现好与坏，你能否相对客观地评价自己的表现？

4. 自我体验：主我与客我之间存在一致性。例如，面对成败，既不会过于骄傲，也不会过度自卑。

5. 自我监督：在一定程度上调控自己的行为以符合社会规范。例如，在工作场合的言行举止和生活中有所差别。

6. 自我调节：改变心理状态以适应环境。例如，你做的某件事失败了，是不是能够及时调整心态来解决问题？

六个方面均衡发展能够帮助我们很好地整合外在自我和内在自我。外在自我泛指外界的人事物，内在自我与外在自我之间的差异越大，内心的冲突就越强烈，可以简单理解为“我希望”和“我不得不”之间的匹配度。

根据自我差异理论，我们的自我概念包括理想自我、应该自我和现实自我。理想自我分为两种，一种是我希望我具有怎样的特性，另一种则是别人希望我具有怎样的特性；应该自我同样也分为两种，一种是我认为我应该具有什么特性，第二种是别人认为我应该具有什么特性；现实自我包含了我认为我所具备的特性有哪些，以及别人认为我所具有的特性是什么。他人可以是重要他人，比如家人、亲密朋友，也可以是一般化他人，比如同事，或者名人的粉丝。对于大部分人而言，或多或少都存在一定的自我差异，也就是现实自我与理想自我、应该自我之间的差异。

小王的工作表现一向很好，于是上司对他的期待越来越高。日益增长的期盼逐渐让他感到压力很大，难免影响工作状态，终于在某次紧要关头把重要项目搞砸了，出乎所有人的意料。上司找小王谈话，他开始埋怨外部种种不利条件，始终不愿意承认是自身的失误。

例子中小王的表现，是自我服务偏差的体现，也就是将成功归功于自己，把失败定义为外部因素，其动机是保护自尊，正如生活中常见的“升米恩，斗米仇”，明明受到了他人非常大的帮助，却反咬一口，排除心恶心善的因素，很多时候是因为恩情过重，让这个人难以面对自己，尤其是在施恩者做出很大牺牲的前提下，受恩者下意识地做出这类行为来减缓内心的矛盾与冲突。此外，在讲究个人主义的文化背景下成长的人比长期生活于集体主义文化中的人更容易出现自我服务偏差，前者偏向独立型自我，把自己和他人分得比较开，后者倾向依附型自我，自己和他人的边界较为模糊。自我的发展贯穿始终，很容易随着外部的变化而变化，而内在自我是否稳定与自我同一性的发展相关。艾里克森的自我认同模型把自我认同分为四种状态：

1. 取消状态：这类人几乎从未尝试过自我探索，而是跟随父母的价值观，养成了对权威的崇拜，容易服从他人，难以接受负面评价。

2. 扩散状态：很少思考“我是谁”，不了解自己，需要做决定的时候往往犹豫不决，呈现随波逐流的状态。

3. 探索状态：开始思考自己想做什么，想成为怎样的人，但尚未找到答案，在这个阶段个体会频繁体验迷茫、焦躁等情绪，该阶段可长可短。

4.达成状态：历经艰辛的探索，个体确认了自己真正的需求和渴望，对自身有着深刻全面的了解，自我认知变得清晰，形成自我认同且内心处于较为平静的状态。

我们之所以会感到很迷茫，通常是因为还处于探索状态，不过自我探索的过程也不一定要十分痛苦，可以尝试以更平和的心态来面对。

当我们思考关于自我的一切时，将注意力集中于自身的同时难免思考外界影响，这是自我关注，应有意识地关注外部和内心，并及时进行调整以达到和谐状态。但过度的自我关注意味着这个人更在乎外在自我，在意的是别人怎么看，别人怎么说，我能得到什么，从而压缩了探索内在自我的空间。自我觉察是对自己的情绪、想法和行为等进行深度思考，适当反思，渐渐了解自己的过程。

很多时候，能否感到幸福和内心是否平静有关，而自我觉察是辅助我们走向平静的导航。以下技巧可以帮助你养成自我觉察的习惯：

1.接纳自己的感受和情绪，无论你觉得多不应该，都不需要排斥和抵抗它，放下防御才能了解自己。请观察自己的感受，比如很生气，想想是因为什么（事件），假设某人的否定让自己感到气愤（我的感受），在我看来他不应该这样说（我的想法），我为什么会这样觉得（情绪背后）。倘若能够在日常生活中遵循“事件—我的感受—我的想法—情绪背后”的规律进行自我觉察，了解了情绪从哪里来，我坚信就能更了解自己，更不容易为情绪所困。

2. 在与他人互动的过程中保持觉察。如果说第一点是聚焦于内部，第二点则是关注外部。人际交往能够帮助我们从他人的反馈中看到一部分不易察觉的自我，它们可能是客观的看法，也可能是带有偏见的观点，不必全盘吸收，可以和你认为的“自我”进行对比，看看哪些是合理的，哪些是出入较大的，为什么？在练习的过程中会让自我认知逐渐清晰化、客观化。

看不清内心的时候，负面情绪像迷雾般让我们不知前方是何物。内在自我清晰了，雾也就散了。

2 被上班折磨得“生无可恋”怎么办

对许多上班族而言，周日的夜晚总是让人焦虑，只要想到第二天要上班便顿觉抗拒。抵触情绪的背后是厌倦，这种状态持续的时间长了，意味着职业倦怠悄然来临。我的朋友里既有在事业单位朝九晚五的人，也有应酬不断的生意人，还有在大型企业拼命加班的人和工作看起来很有趣的自由职业者，后来我发现，无论从事何种行业的朋友，随着工作年限的增长，多多少少会存在一定程度的职业怠倦，包括我自己。写作是我所热爱的，但是在日复一日独自打字的日子里确实会有坐在电脑前发呆，一个字都不想写的时候，唯有靠毅力和自我约束来度过那段时期。连这种自由且富有创意性的工作都有令人厌倦的时刻，职业倦怠是否真的不可避免？想要找到答案，也许应该先了解它到底是什么，又是如何出现的。

陷入职业倦怠的感受非常接近于我们日常所说的心累，从本质上来说它确实是情绪耗竭的状态，当工作压力超出承受范围或对外输出过多情绪资源时，很容易让人出现身心俱疲、内心麻木、抵触工作的情况。前者在竞争激烈的职场环境中较为常见，后者多出现于一些需要与他人频繁打交道的行业，如服务人员、销售、心理咨询师等，这也是为什么心理咨询师都需要有督导来指导工作以及调整状态。职业倦怠的概念最早由心理学家赫伯特·弗洛登伯格在1974年提出，特指带有助人性质的职业群体的症状。随着研究的发展，马斯拉奇和莱特将职业倦怠定义为人在长期的工作压力之下出现的衰竭状态，包括情感、态度和行为，这是个体不能良好地应对压力而产生的应激反应。也就是说，各行各业的从业人员都有可能出现职业倦怠。

就像猫应激时会出现躲避等行为甚至因此患病，人长期处于应激的情况下也会身心受创。从心理层面来说主要有三个维度：

情绪耗竭：这是一种过度付出情绪资源而没有及时得到补充的情况下会出现的现象，当个体处于情绪耗竭的状态时，会觉得异常疲惫，难以调动自己继续参与社交活动等，整体呈现麻木的状态。

去人格化：个体会自觉不自觉地拉开自己和工作的距离，包括工作场所以及工作内容，无法认真工作。例如，初入职场的时候很爱聊相关话题，时间长了开始闭口不谈，乃至别人问起时会觉得不耐烦。

自我效能感降低：自我效能感是指个体对于自己是否具备完成某行为的能力的预判，从这个情境来说就是对工作能力的自信程度。职业怠倦往往会导致无力感和低成就感，个体在不断重复的工作内容中难以充分体验成就感和控制感，从而对自己和工作做出消极评价。

李佳的工作在外人看来光鲜亮丽，别人看到的是出差时的商务舱和五星级酒店，自己看到的是加不完的班以及遥遥无期的升职。又一次工作到凌晨后，李佳决定辞职，看似突然的决定其实并不突然，在此之前她就总觉得在工作中无法找到成就感，自己不过是公司里的一颗“螺丝钉”，随时可被替代，如此种种让她时刻被深深的无力感环绕。离职后，她开了一家小公司，为自己工作，重新找回了动力。

像李佳这样被职业倦怠折磨的人，也许有一部分会像她那样选择离开，但更多人因为各种原因不敢或无法辞职，日久天长，心理上的抵触会在外在行为上有所体现。首先是工作态度的变化，如迟到早退、消极怠工；其次是人际态度的变化，比如不再维护和睦的职场关系，对待客户或领导不再热情。

至于职业倦怠的成因，似乎我们会下意识地认为和抗压性的强弱有关，它们当然相关，却不限于此，原因是多维度的。从个人的角度来说，和年龄、受教育程度以及社会支持系统关联，青年到中年期是最容易出现职业倦怠的时期，入职场已久，离退休还远，又承担着无数压力，比如经济压力、竞争压力、婚恋育儿压力等；受教育程度高的群体相对受教育程度低的人群更易产生职业倦怠则是因为他们所从事的工作复杂度较高；此外，社会支持系统的重要性也不言而喻，不妨进行想象，如果一个人平时工作已经很累了，回到家还要天天吵架，又没几个朋友可以倾诉，这种生活状态会极大地消耗人的心理资源和情绪资源，没有余力同时应付工作和生活。

从环境的角度来说，工作环境和氛围至关重要，虽说做事是为了赚钱，但人们需要的不仅仅是物质，毕竟每天有将近三分之一甚至更长的时间在工作，成就感和掌控感很多源于精神层面的感受，得到的正反馈越多成就感就越强。如果和同事相处不好或者上司给了很大的精神压力，长期精神紧张自然会使人丧失成就感。掌控感则源于工作成功与否受自己所控的部分有多少，倘若考核标准朝令夕改或全凭老板个人喜好，员工自然动能不足。还有就是过重的竞争感也容易让人产生职业倦怠，比如做生意的人不得不面对日益激烈的竞争，或者职场中人高度内卷，过于激烈的竞争容易使人产生自我怀疑，在质疑自身能力的情况下丧失目标，也就失去了前进的动力。

如果你想了解自己是否处于职业倦怠状态，请完成以下这份马斯拉奇职业倦怠调查通用量表（Maslach Burnout Inventory General Survey，MBI-GS，来源：《怎样管精力就怎样过一生》，［法］奥迪尔·夏布里亚克），这份量表共有22个问题，围绕情绪耗竭、去人格化和职业效能三个方面展开。请在认真阅读后根据自身实际感受在问题后打分：1分=总是如此；2分=有时如此；3分=说不清楚；4分=很少如此；5分=从未如此。其中9—16题为反向计分，也就是1分=从未如此；2分=很少如此；3分=说不清楚；4分=有时如此；5分=总是如此。

1. 在工作中有挫折感。

2. 觉得自己不被理解。

3. 工作使我感到疲惫。

4. 我觉得我工作非常努力。

5. 面对工作，我有力不从心的感觉。

6. 工作时感到心灰意冷。

7. 觉得自己推行工作的方式不恰当。

8. 想休息一段时间或做其他工作。

9. 努力就可以得到好的结果。

10. 我认可这份工作的价值。

11. 我认为这份工作很有意义。

12. 我可以在工作中获得心理满足。

13. 我有工作目标和理想。

14. 我在工作时精力充沛。

15. 我乐于在工作中学习新知识。

16. 我可以冷静地处理情绪上的问题。

17. 从事这份工作后，我觉得自己对人变得越来越冷淡。

18. 我并不关心同事遇到了什么事。

19. 同事会将他们遇到的问题归咎于我。

20. 我担心这份工作会让我失去耐心。

21. 面对他人会带给我很大的压力。

22. 我经常盼望假期快点到可以不用上班。

请将所有分数相加后除以22，得分若是1，意味着职业倦怠的程度很低，5则是职业倦怠程度很高，最终数字越接近5说明职业倦怠越严重。如果你已经为职业倦怠所困，可以尝试按以下方法进行调节：

1. 设定目标。目标就像导航，能够让我们朝着既定的方向走，长期目标是终点，短期目标是中途散布的加油站。应对职业怠倦的好办法之一就是设定长期目标和短期目标，这样可以帮助我们分解步骤，提高执行力和掌控感，恢复动力。

2. 增加一点仪式感。这种非常私人化的仪式感是给自己的奖励。例如，我会找一部非常想看的剧，规定自己只有写完当天应该写的字数才可以看，哪怕有时候不想写，但为了看剧还是会写。你也可以为找到属于自己的奖励来提高动力，可以是食物，也可以是别的。

3. 学会欣赏美好。当我们的注意力集中在负面事物时，情绪会越来越差，反之亦然。倘若我们总是关注工作中令人烦闷的部分，只会越来越厌倦，但是如果把目光转移到那些相对美好的部分，对其的看法也可能随之改观。

4. 找到真正的原因。如前文所述，职业倦怠的成因有多种，只有找到真正的原因才能更好地去改善它。也许是人际关系牵扯了太多精力，也许是工作中的正反馈不足，去修正真正的原因能够很大程度地缓解职业倦怠。

5. 把工作想象成通关游戏。这是我应对职业倦怠的小技巧，把每份任务当成游戏中必须通过的关卡，抱着挑战“新关卡”的心态去工作，会让它变得更有趣味性。

多数工作，总有不讨喜的部分，也许很琐碎，也许很麻烦，一次次重复可能会使人变得麻木，但不代表我们不会再从中找到乐趣，热情的出现和消失都不是永恒的。

3 痛苦也许是因为过度自我关注

从小到大，我们关注着外界，也被外界关注着，有关注就会有比较，而比较会让人感到痛苦。从前比较成绩和打扮，后来比较收入地位，陷入无穷无尽的追寻之中。

林宗曾在一家出售私人飞机的跨国企业工作，接待的客户都是具有知名度的高净值人群，长期在这种环境下工作容易让人的心态发生变化。即便赚了比普通人多很多的钱，他还是觉得不够，认为应该达到客户的平均水平，与此同时又深知自己做不到，因此变得很痛苦。从前的快乐不再是快乐，看不上已拥有的一切，他在不断追求结果的过程中越来越焦虑，某天忽然意识到这种追逐让自己错过了许多，终于学会放慢脚步。

像林宗这样过度追求结果而忽略过程是很多人的现状，除了和过度关注自我有关，也受大环境的只问分数和成就的单一价值观影响。群体容易逐渐形成较为一致的评价体系，我们身处其中，很难不受影响。小时候只在意能够算入总分的科目以及数不完的排名，无形中形成结果最重要的价值观；家庭中，父母把自家孩子和别人家的作对比，假设表现好会得到赞许，反之则是责骂或冷落。诸如种种，让人养成过度关注评价的惯性，换言之，过于追求结果不一定是为了满足内心需求，而是为了获得更高的评价和认可，难免沉湎于过度关注自己是否足够好。

自我关注是留意自己的外在和内心以进行调整和外界适配的举动，人皆有之。一种是较为积极的内向型自我关注，纵向关注“我”与“我的目标”之间的差距，更多是自省以进步；另一种是相对功利的外向型自我关注，着重关注外界的看法与评价，衡量的过程中充满是非对错的判断，并引发相关的负面情绪。倘若我们总是被这种强迫性注意绑架，往往意味着此时此刻很想得到某样东西却得不到，这一点有时候我们能意识到，有时候意识不到，更多体现于行为。小到发朋友圈会关心有没有人点赞，手机的款式够不够新，大到开的车好不好，另一半是否比其他人的优秀，等等。美国心理学家季洛维奇和萨维斯基于1999年提出聚光灯效应，当时他们要求受试者穿上印有过气明星头像的衣服走进室内，受试者认为至少有超过50%的人注意到自己身上的服装，实际只有10%的人留意。我们往往从自身的角度看待问题，这样很容易把自己放在中心的位置，而无法客观真实地看待外界，形成认知偏差。

从社会文化的角度来说，越来越多人因为过度自我关注感到焦虑痛苦与客体化高度相关。根据心理动力取向的客体关系理论，推动人做出行为的动力源于寻求客体，其中包含了真实存在的人事物等外在客体以及与之相关的想法、记忆、感受等内在客体，它和自体或者说自我相对。自我客体化也就是用第三者的视角凝视自己，分为特质自我客体化和状态自我客体化。前者是内化的对自己身体的评价，比如性客体化，高发于女性群体，身体或性功能脱离了本身的意义变得工具化，存在的价值扭曲为仅为取悦异性或供人使用。促使性客体化形成的因素源于方方面面，比如媒体出于营销和商业目的鼓吹眼睛要大、鼻子要挺、腰越细越好，在此类的氛围裹挟下容貌焦虑逐渐泛滥，导致很多女性的关注点从“我应该是谁”转变为“我怎样才能在男人眼中更完美”。后者是由真实的人或想象中的人触发，比如从小被灌输“女人应该包揽家务”等观念，或者童话故事中总是等待王子拯救的女性角色，以及数个世纪前女性不被允许工作甚至只能匿名写作的现象，均潜移默化地物化女性，最终使该群体认同吸收此种观点，开始自我物化。

如果我们不慎落入过度自我关注的旋涡，可以用自我觉察加以替代，虽然只有两个字的差异，却截然不同。多数外向型自我关注是自动化情绪反应的产物，遵循刺激事件——产生感受——采取行为的规律，归根结底是因为匮乏、嫉妒、恐惧等。自我觉察则为思维所控，更理性，是对自身内在的情绪、动机、价值观和外在的行为、特质等方面的了解和思考，觉察的程度越深，意味着我们对自己的了解越多，在了解的基础之上对想法和行为进行调控。显而易见，将自我关注转变为自我觉察的关键在于克服自动化思维和反应。

1.把感受和想法区分开。例如，前文例子里的林宗，因为长期接触高净值客户，认为自己也要做到他们那样才能算成功，仔细甄别后就会发现，这种观念看起来很像想法，实际上还是感受。推动这个念头产生的原因是他对那种生活的向往，只是一种感受。如果我们把感受和想法分开就能够更明晰自己的想法。

2.以更中立客观的视角看待自己。用这样的角度来观察自己能够最大限度地剥离情绪的影响，看到事实。例如，某人追求的是一日三餐的平淡生活，身边人认为他不够上进，对他这种想法嗤之以鼻，假设他过度关注自我，会因为这种评价开始自我怀疑，价值观出现一定的混乱，不知道自己到底应该怎么做。但是如果他是一个善于自我觉察的人，非常了解自己的性格和能力，收到来自外界的评价首先做的是分析彼此的想法孰对孰错，做出更适合自己的决定。

3.进行正念练习。这是心理学中的一种疗法，专注于当下，观察自己此刻的感觉和想法，不做评判和分析，只感受它的存在。长久练习之后，我们对于情绪的控制力会有所提高。

看起来，人总为各种各样的事情感到痛苦，但真正令人痛苦的也许是过度的自我关注。痛苦与否，有时只在一念之间。

4 我与他人：为什么情绪总是被别人带着跑

前段时间我的一位朋友很苦恼，他觉得和父母住在一起压力很大，父母又不允许他搬出去，唯有整天去朋友家里待着，尽量减少和家人相处的时间。我说："你已经30岁了，为什么不搬出去住呢？"他叹了口气说，如果搬出去一定会被骂，除非以后结婚，才能自己住。而另一位在美国出生长大的华裔朋友也遇到了同样的情况，她也是30岁，和妈妈住在一起，每天想到要回家就觉得压力很大，又不得不回，曾经也想过搬出去自己住，奈何妈妈强烈反对，只好作罢。

相对来说，华人群体中家庭成员彼此的情感联系更为紧密，导致我们常常压抑自己的需求让位于家庭，其中包括为了减少矛盾争执而忽略自己的感受，顺从他人，这意味着互相之间情绪卷入的程度较深。

所谓情绪卷入，就是某件事明明与自己无关，我们却因它产生强烈的情绪或行为反应，情绪卷入过度，就会向共生的方向发展。根据心理学家鲍文的家庭关系理论，当家庭成员之间出现共生现象，也就是边界非常模糊时，内部成员的自我分化得不到发展，在情绪粘连的基础之上情感融合。这种十分普遍的现象与我们的自我分化程度相关，这是一种把自我从他人处分化出来的过程，就像我们从需要被照顾成长为能够自理的人，才能够适应长大后的生活，如果终此一生被照顾，会导致我们无法适应社会，方方面面都会受影响。可以把自我分化程度高的的人看作心理层面比较独立的人，他们的情绪不易受他人影响，而自我分化程度低的人更易受他人影响。理想状态中，前者可以区分所感受到的情绪和思维是来自别人还是自己，在和他人维持适度亲密的同时，能够很好地保持客观性，不受他人的情绪影响也不易受自身情绪影响，能够按照自己的想法行事；后者常常混淆情绪和思维，总是轻易受他人影响，时常被情绪左右。比如，我的那两位朋友深受父母的情绪影响，在压力之下选择放弃自己的感受，从某种层面来说是因为自我分化程度低。

自我分化程度低的人很容易出现两种情况，一种是情感融合，也就是自动化情绪依附，个体无法准确识别自己的情绪和思维，如同样是问“你和父母住在一起感觉怎样”，自我分化程度低的人的回答通常呈现描述事实状态“挺好的，不用自己做饭”，自我分化程度高的人往往会从感受和想法两个角度作答“生活上很方便，但会觉得不太舒服，我觉得我应该搬出去”。在此前提下，自我分化程度低的人自然会形成情绪依附，为了维持表面的一致，他们的立场会随着对方的态度发生转变，不敢提出异议，又或者强迫他人顺从自己。

小张的妈妈认为孩子留长发会影响学习，从小要求她剪齐耳短发。这么多年，小张从未留过长发，哪怕工作了，依然保持着和学生时代一模一样的发型。

无论是小张还是她的妈妈，均属于自我分化程度低，两个人都在这段关系中表现出情感融合，只不过小张是以顺从的方式，妈妈的形式则是要求她服从。所谓情感融合，是个体为了减缓过度受他人影响所导致的焦虑情绪而无意识采取的手段，满足对方的要求或强迫对方保持一致就可以暂缓情绪波动。另一种完全相反的情形是情绪阻断，采取这种手段抗衡情绪的人表面上看很独立，稍加观察就会发现这种独立很特殊，通常是生理隔离或心理隔离，甚至兼而有之。用情绪阻断逃离原生家庭的人，生理隔离的形式可能是个体在毫无缘由的情况下搬往外地，部分人逢年过节也不回家；心理隔离的形式则是不和父母联系，不告知其近况。

小何的父亲情绪非常不稳定，对孩子非打即骂，长大后小何留在了读大学的城市，离家千里。每到中秋、春节，她总会找各种理由不回家，甚至主动申请加班来逃避身边人的询问。

情感融合也好，情绪阻断也罢，本质上都是关系中的整体感和距离感之间失衡，各方趋同一个整体，压抑了自我分化，但过程中因为他人影响而产生的情绪不会消失，就像感到热会脱外套，觉得冷要穿衣服的自然反应般，情绪会推动行为的产生，或低头或远离。这两种解决办法都不是很好，不仅没有解决原有的问题，还会被带入其他关系中，甚至影响个体对下一代的抚养方式，归根结底，发展自我分化才是更好的解决办法，不妨参考鲍文自我分化量表看看自己的自我分化程度如何：

以下问题是考量你在与他人的关系中的想法和感受，请从1—6打分，1代表完全不是，6代表非常正确；标记*的语句则从6—1反向打分，即6代表完全不是，1代表非常正确。如果个别语句不符合你的现状，请假设在该情形中你的感受和想法并进行打分。

*1. 别人常说我很情绪化。

*2. 我很难向自己在乎的人表达我的感受。

*3. 我经常会觉得为家庭所限制。

4. 即使压力很大，我依然可以保持冷静。

*5. 我能够很好地解决别人之间的矛盾。

6. 如果对方让我感到失望，我会暂时回避他/她。

7. 无论发生了什么事，我始终知道我是谁。

*8. 当别人试图接近我时，我会下意识地与之拉开距离。

*9. 从某种程度来说我依然很依赖我的父母。

*10. 我希望我可以不那么情绪化。

11. 我通常不会为了取悦他人而改变行为。

*12. 我认为和我关系亲密的人无法忍受我说实话。

*13. 如果不能尽快解决我和他人的关系中的问题，我会很焦虑。

*14. 情绪占上风的时候，我很难进行真正的思考。

15. 和别人发生争吵时，我可以区分事件和我对那个人的情绪。

*16. 别人过于接近我，会让我觉得不舒服。

*17. 定期和家人联系对我来说很重要。

*18. 有时候我的情绪波动非常大。

19. 为自己无法改变的事情感到难过是毫无意义的。

*20. 我时常会担心在亲密关系中失去独立性。

*21. 我对批评过分敏感。

*22. 当父母离开我很长一段时间，我会觉得心里好像缺了一角。

23. 我高度接纳自我。

*24. 我总认为亲近的人想从我这里得到太多。

*25. 我想方设法满足父母的期待。

*26. 如果和亲密的人发生争执，我会一直琢磨这件事。

27. 哪怕会有压力，我依然能够拒绝别人的请求。

*28. 每当我和别人的关系变得紧张，我就想逃离。

*29. 我觉得和家人吵架的感觉很可怕。

*30. 别人对我失望会让我很不安。

31. 比起外界的赞赏，我更在乎有没有在做自己认为对的事情。

*32. 我不考虑向任何家庭成员寻求情感支持。

*33. 身处一段关系中，我会想很多。

*34. 我对于来自他人的伤害很敏感。

*35. 我的自我认同感建立在“别人是如何看待我”的基础之上。

*36. 和家人或爱人一起，我时常觉得很窒息。

37. 我经常担心和我关系很近的人生病或受伤。

*38. 我总会思考我对外的“人设”看起来是怎样的。

*39. 我认为如果事情很糟糕，对它进行讨论只会让情况恶化。

40. 我对事物的情绪反应比客观现实更激烈。

41. 如果对方能够给我更多个人空间，我们的关系会更好。

42. 在压力下我依然可以稳定发挥。

如果你的得分低于50分，代表你的理智常常被情绪淹没，难以独立做决定，依赖他人且害怕冲突导致大部分时候总是受别人的影响；如果你的得分在51—75分，说明你的自我分化得到一定程度的发展，但有时还是会过多关注来自重要他人的反馈进而影响自己的决定；如果你的得分是76—100分，说明你的自我感得到充分的发展，价值观清晰坚定，不惧冲突，行事以自己的想法为主，同时能够与他人亲密交往。

自我分化不是一场考试，成绩出来了就告一段落，它始终随着人生进程不断发展，不管做量表得到高分还是低分，我们依然可以做一些事让它发展得更好：

1. 分清想法和感受。感受通常是因外界刺激产生的情绪反应，想法更多是来自内心世界，倘若我们总是凭感受做出行为，无疑是受情绪驱使而忽略了“我想要的是什么”，把注意力放在自己的想法上，能够让我们真正地聆听内心的声音。比如，你觉得别人对待你的方式让你觉得有压力是想法，觉得和对方相处很开心是感受，通常想法更接近客观事实。试着以想法取代感受来主导行为。

2. 辨别自己的所思所想所感哪些是来自他人，哪些是来自自己。假设你觉得和对方相处有压力，请尝试分辨这种压力是由什么行为产生的，到底是对方的行为真的不恰当，还是过往经历导致你认为它不好，如果是后者，需要做的是回溯过往，找到真正的原因，而不是“甩锅”给对方。当我们十分习惯区别自己和别人的情绪时，自然不那么容易被他人牵动情绪。

3. 无论是谁，如果他的行为确实存在一定问题且让你觉得不舒服，请及时提出，坦诚地告知对方你的感受，并说明你希望对方怎么做，在必要时坚定立场，不为对方的激烈反应而转变。这种方式能够保护自我不被侵犯，更利于自我分化。

把“我”从他人之中分化是真正了解自己的开始，照顾好自己的感受才能够真正地尊重外界。

5 如何让自己“卷”得舒服一些

和内卷这个词同样高频出现的是与之相对的躺平，抱怨的声音此起彼伏，各人的应对方式分化成几种状态：有些人选择顺着大潮“卷”得更厉害；有些人选择退出，某App上“不上班俱乐部”“家里蹲自救同盟”等小组应运而生；实际上占比最多的是心里向往着躺平，行动上却不敢停下来的群体。三类人的心理状态各异，共通的常见情绪是焦虑。

第一类人高度挤压了自己的感受，朝着目标冲，透支心理资源；第二类人人躺平了心不平，普遍为经济来源、社交圈、外界眼光感到焦虑；第三类人在承受高强度的工作压力之余为职场环境以及人际关系所困，长期处于充分竞争的环境中，频繁产生负面感受。于是，向往上一辈人的生活的发声越来越多，在他们看来，那时候科技和经济还没有那么发达，工作和生活分得很开，下班了就是真正意义上的下班，不会再收到与工作相关的信息和电话，很多工作单位会分配房子，孩子可以去单位的幼儿园上学，等等，似乎很多责任都被社会共同分担了。也许每一代人都会认为过去是黄金时代，眼下总有各种不足之处，这种观念的出现更多是对当下的压力和不顺的反抗，就像过得没那么好的时候我们总是爱回忆过往。

不可否认的是，随着经济发展到一定阶段，每个人都充分参与劳动确实会放大竞争，想让自己“卷”得舒服一些，我们或许需要先了解内卷这种现象是怎么产生的。

内卷一词最早出现于美国学者格尔茨所著的《农业的内卷化》，主题是研究印度尼西亚爪哇人在农业种植领域由于产业无法更新升级，不断走向劳动密集型，经济收益边际效益却不断递减。随后，“内卷”的概念逐渐被引入各个领域，本质是供给和需求严重失衡所导致的现象，人口稠密，高精尖产业链不足的地区越容易因为无法由劳动密集型转为资本密集型而加深内卷。假设社会是一个大型电影院，我们都很想进去看电影，但座位数量是固定的，来晚了或者跑得没有别人快的人只能坐在没那么好的位置或者站着看。当其中几个人忽然加快步伐的时候，其他人也会跟上，所有人越跑越快，中途有的人摔倒了受伤了，有的人不跑了站在边上看电影，有的人干脆离开电影院。不管是主动或被动加入内卷，都和大环境、群体、个人息息相关，而不是单一成因。

从大环境的角度来说，不同的文化形态使不同地区的内卷程度不一。倘若某个地方的整体氛围是“成为人上人才算成功”，势必会加剧内卷；而价值观普遍为“每种工作，每种生活方式都有其意义”的地方相对来说竞争压力会小一些。但这种价值观也会随着经济环境的变化而出现暂时性改变，经济向上的时候会“卷”得不那么厉害，经济下行的时候会加速内卷。当我们在群体之中，会规范自己的行为以适应集体。比如，以高薪闻名的互联网行业，共性是卷得更厉害，工作时间更长，也更容易出现迫害性完美主义。

一天晚上，某位任职于大型国际互联网企业的朋友打电话给我，说他升职了，却没有很开心，原因是在工作中逐渐找不到价值感，如今的晋升是过去几年牺牲个人生活，拼命工作换来的，每年有接近三分之二的时间在各地出差。现在，他忽然觉得生活不能只有工作，加上年龄的因素，以这样的工作强度再拼几年博取升职不值当，不由得开始思考要不要离职，也因此影响了工作状态。

某种程度上，他是迫害性完美主义的受害者，遭受了来自集体和自身的“迫害”。所谓迫害性完美主义，就是当我们被要求追求某个目标时，压制了其他感受和渴望。情绪和需求从来都不是凭空产生的也不会无故消失，就算暂时回避，它依然在那里，如果压制的程度超出阈值，心理弹性无法继续承受，心理资源即将耗尽，就会反弹。例如，我的这位朋友所在的工作环境中，每个人都很拼，过去他非常想要达成升职的目标，于是放弃了社交、休息去换取升职，不断压抑自己，忽略内心的声音，直到其他需求压倒竞争需求，这时候就会产生“拼不动了”的感受，就像明明要跑一万米，但在开始的两千米就竭尽全力，自然会后继乏力。

在群体之中，除了主动内卷，还有被动内卷。

我的另一位同样是在互联网行业的朋友最近考虑跳槽，在两家公司之间游移不定，一家也是互联网企业，薪水比现在高，但是加班严重，人际关系复杂；另一家偏向传统行业，薪水低于现在，工作相对轻松，人际关系也较为简单。她不知道应该怎么选，找新工作的初衷是不想继续内卷，但又舍不得内卷的报酬。

这位朋友和前一位朋友不同，她是被动内卷。到底能不能更好地适应内卷，和我们的性格特质具有高度相关性。热衷或者不抗拒内卷的人普遍来说成就需求更高，对成功的渴望更强烈，竞争意识和危机意识高于其他人，相对来说也会比较缺乏安全感。他们在成长过程中可能被严格要求必须事事优于旁人，或者曾经深度体验过由于物资匮乏等原因造成的负面事件以及自尊水平受挫等，但心理弹性较好，因此越挫越勇。无法适应内卷或者选择躺平的人比较畏惧竞争，相对高敏感，自我效能感偏低，简单来说是对自己的期待值没有那么高，他们成长环境或者较为宽松，或者被过度保护，容易因为不良经历而逃避退缩。

既然无法逃离内卷，那怎么做才能让我们的内心尽量少受它压迫呢?

1. 多关注自己的感受，逐渐探索出承受边界，比如压力大到什么程度情绪可能会崩溃，记住它发生之前的感觉，下次这种情绪出现的时候，让自己暂时停下来休息，做一些能够恢复心理能量的事情。

2. 允许并接纳自己的情绪和感受，不开心的时候表达不开心，累的时候承认累了，可以在心里默默地和自己说，也可以写在备忘录里，这样做的好处是只要我们勇敢面对自身的负面情绪，就可以得到修复的机会。

3. 把注意力从别人那里转移到自己身上。让我们不自觉地开始内卷的重要因素是攀比心理，总想着别人取得了什么成就、换了什么车，自己也要做到。这种攀比永远没有尽头，不如关注自己，关注当下，和过去纵向对比更有利于做好眼下需要做的事，而不是横向对比。

4. 安排好工作和生活的比例，不能只有工作也不能只有生活，适当的不受打扰的时间能够让我们得到充分的休息，以应对接下来的工作。

竞争一直存在，匀速前进，走得远一些不失为一个好办法。

后　记

我写完最后一篇文章，开始写后记的时候，已经是清晨6点。独自坐在工作间写书的这段日子里，听得最多的是郭顶的《水星记》，陪伴我最多的是我的猫，这本书就这样日复一日地完成了。

这是我和中国法制出版社的第二次合作，也是和编辑冯运的第二次合作，认识的第三年我们从单纯的工作关系变得更像朋友，而我也从生涩的初写者成长为如今稍微成熟一些的写作者。

在写书的过程中，我能看到自己的进步和文本质量的提升，也因为这本书的主题是情绪，用文字分析的同时也在梳理内心，更清晰地明白了许多情绪为何而来，试图提醒我什么。最初我定下这个主题是出于观察所得，无论是身边朋友还是网络世界的陌生人，或多或少都会有为情绪所困的时刻，这样的一本书也许会被很多人需要，希望它能够为你和情绪的相处提供小小的帮助。

如果你想和我聊一聊，或者想要了解更多，欢迎来微博找我（ID：夏仰Cy），或者小红书、知乎、抖音等社交平台（ID：夏仰）。

夏仰

2022年9月23日

图书在版编目(CIP)数据

与负面情绪和平相处 / 夏仰著. —北京：中国法制出版社，2022.10

ISBN 978-7-5216-2856-2

Ⅰ. ①与… Ⅱ. ①夏… Ⅲ. ①情绪—自我控制—通俗读物 Ⅳ. ①B842.6-49

中国版本图书馆CIP数据核字(2022)第161873号

策划/责任编辑：冯运（654093944@qq.com） 封面设计：汪要军

与负面情绪和平相处

YU FUMIAN QINGXU HEPING XIANGCHU

著者 / 夏仰

经销 / 新华书店

印刷 / 三河市国英印务有限公司

开本 / 880毫米×1230毫米 32开 印张 / 8.5 字数 / 124千

版次 / 2022年10月第1版 2022年10月第1次印刷

中国法制出版社出版

书号ISBN 978-7-5216-2856-2 定价：49.80元

北京市西城区西便门西里甲16号西便门办公区

邮政编码：100053 传真：010-63141600

网址：http://www.zgfzs.com 编辑部电话：010-63141832

市场营销部电话：010-63141612 印务部电话：010-63141606

（如有印装质量问题，请与本社印务部联系。）